新型职业农民示范培训教材

农产品贮运与保鲜

岳　蕾　主编

中国农业出版社

U0792575

内容简介

本示范培训教材的编写立足于各地粮油和果蔬产品保鲜贮藏运输产业的发展，以劳动就业和社会需求为目标，体现粮油和果蔬产品保鲜贮藏运输技术的核心知识与技能。本教材以掌握一门实用新技术为出发点，与生产实际紧密联系，突出实用性，强调实践性，注重培养学员的操作技能，针对北方各类果实和蔬菜的采后处理、保鲜贮运技术，解决采收、采后贮运容易出现的问题。

教材内容由 4 个单元构成，分别是果蔬采后商品化处理与运输、主要果蔬贮藏保鲜技术、主要粮食的贮藏技术和其他作物的贮藏技术。每个单元由多个项目构成，每个项目又包括若干个具体任务。

新型职业农民示范培训教材

编 审 委 员 会

主　任　魏　民　陈明昌

副主任　康宝林　薛志省

委　员　巩天奎　樊怀林　孙俊德　吕东来　张兴民
武济顺　孙德武　张　明　张建新　陶英俊
张志强　贺　雄　马　骏　高春宝　刘　健
程　升　王与蜀　夏双秀　马根全　吴　洪
李晋萍　布建中　薄润香　张万生

总主编　张　明

总审稿　吴　洪　薄润香

本 册 编 写 人 员

主　编　岳　蕾

编　者　岳　蕾　杨翠峰

出版说明

发展现代农业，已成为农业增效、农村发展和农民增收的关键。提高广大农民的整体素质，培养造就新一代有文化、懂技术、会经营的新型职业农民刻不容缓。没有新农民，就没有新农村；没有农民素质的现代化，就没有农业和农村的现代化。因此，编写一套融合现代农业技术和社会主义新农村建设的新型职业农民示范培训教材迫在眉睫，意义重大。

为配合《农业部办公厅　财政部办公厅关于做好新型职业农民培育工作的通知》，按照“科教兴农、人才强农、新型职业农民固农”的战略要求，以造就高素质新型农业经营主体为目标，以服务现代农业产业发展和促进农业从业者职业化为导向，着力培养一大批有文化、懂技术、会经营的新型职业农民，为农业现代化提供强有力的人才保障和智力支撑，中国农业出版社组织了一批一线专家、教授和科技工作者编写了“新型职业农民示范培训教材”丛书，作为广大新型职业农民的示范培训教材，为农民朋友提供科学、先进、实用、简易的致富新技术。

本系列教材共有29个分册，分两个体系，即现代农业技术体系和社会主义新农村建设体系。在编写中充分体现现代教育培训“五个对接”的理念，主要采用“单元归类、项目引领、任务驱动”的结构模式，设定“学习目标、知识准备、任务实施、能力转化”等环节，由浅入深，循序渐进，直观易懂，科学实用，可操作性强。

我们相信，本系列培训教材的出版发行，能为新型职业农民培养及现代农业技术的推广与应用积累一些可供借鉴的经验。

因编写时间仓促，不足或错漏在所难免，恳请读者批评指正，以资修订，我们将不胜感激。

2017-06-20

目　录

单元一

果蔬采后商品化处理与运输

采收关系着果蔬的产量和质量。如果采收过迟，果蔬会因生长成熟过度而衰老，导致不耐贮藏；如果采收过早，则不能体现本品种所固有的色、香、味。因此，选择合适的采收期，使用适宜方法进行采收，对果蔬贮藏保鲜过程中提高果蔬的耐贮性和贮藏品质起着很重要的作用。

学习目标

知识目标

1. 掌握常见果蔬成熟度的判断方法。
2. 掌握常见果蔬采收的方法。
3. 掌握果蔬采后处理技术。

能力目标

1. 熟练掌握常见果蔬采收和采后处理的技能。
2. 培养理论联系实际的能力。

项目一　果蔬的采收及商品化处理

作为商品，果蔬有着特殊的生理特性，在采收后仍保持着生理活性，如果不能正确地进行采收和采后保鲜处理，将会给果蔬造成很大的伤害，进而影响果蔬的商品价值。为了适应果蔬市场的激烈竞争，实现果蔬生产的产业化，必须做好果蔬的采收和采后商品化处理工作。

任务1　果蔬采收

确定适宜的采收期不仅取决于果蔬产品的成熟度，而且还取决于果蔬产品采后的用途、采后运输距离的远近、贮藏方法、贮藏和货架期的长短以及产品的生理特点。一般就地销售的产品可以适当晚采，而作为长期贮藏和远距离运输的产品则应该适当早采。

知识准备

确定果蔬成熟度应综合各方面因素加以分析判断。一般多以感官及果实生长期来判断，同时参考其他方面。通常从下面几个方面来判定。

1. 色泽　一般果实成熟前为绿色，成熟时绿色褪去，底色、面色逐渐显现。可根据该品种固有色泽的显现程度作为采收标志。

2. 硬度　随果实成熟度的提高，果实的硬度随之减小。因此，也可根据果实硬度的变化程度来鉴别果实的成熟度。通常采用果实硬度计（图 1-1）测定其硬度。

3. 主要化学物质含量　果蔬中某些化学物质如淀粉、糖、酸的含量及果实糖酸比的变化与成熟度有关。可以通过测定这些化学物质的含量，确定采收时期。通常采用手持折光仪（图 1-2)测定产品的可溶性固形物,代表其含糖量。

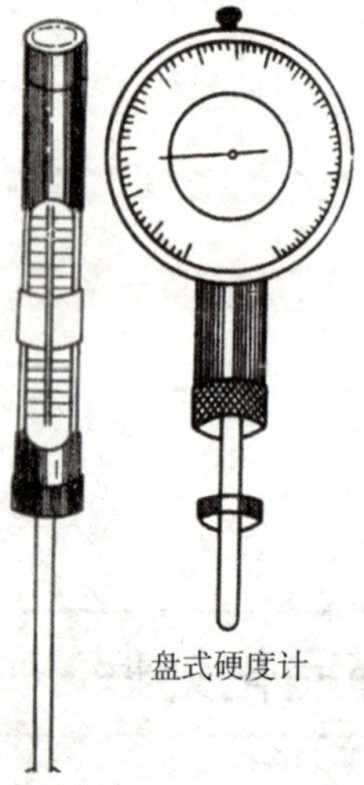

图 1-1　硬度计

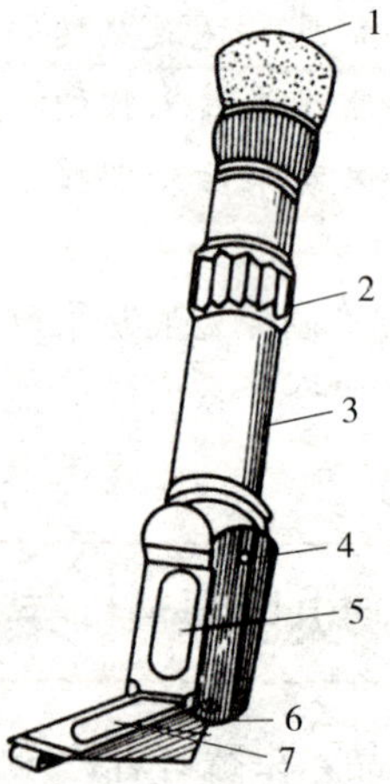

图 1-2　手持折光仪
1. 眼罩　2. 旋钮　3. 望远镜管
4. 校正螺丝　5. 折光棱镜
6. 棱镜盖板　7. 进光窗

4. 生长期　在正常气候条件下，各种果蔬都要经过一定的天数才能成熟。因此，可根据生长期来确定适宜采收的成熟度。

5. 植株生长状态 一些地下茎、鳞茎类蔬菜如芋、姜等在地上部分开始枯黄时采收，耐藏性最好。

6. 其他 如种子颜色、果实表面果粉的形成、蜡质层的薄厚、果核的硬化等都是判断果蔬成熟的依据。

任务实施

1. 采收准备 首先要做好采收的组织和工人的技术培训工作，采收工人应具备对所采果蔬成熟度的判断能力，在采收之前做好基本的防护，采收时应剪短指甲或戴上手套进行操作。其次，应准备好采收工具及运输工具，常用的采收工具有采果剪、采果篓（袋）、采果梯、装果筐（箱）、不锈钢刀具、包装材料和容器及锹或镐等。

2. 人工采收

（1）手摘法。蔬菜中的叶菜类和果菜类采收时为避免叶和果的大量破损常用此法。果品中苹果、梨等品种成熟时，其果梗与短果枝间产生离层，采收时手紧紧抓住果实，但动作要轻，然后向上拉，即可完成作业。

（2）剪切法。利用剪刀直接伸到枝茎上剪摘果实的方法称为剪切法，如葡萄、瓜类都采用此法。剪刀应保持锋利，木质茎或带刺茎采摘时应尽量在近果实处下剪，以免在运输中刺伤邻近的果实。柑橘采收时为避免果蒂拉伤，多采用复剪法，即先将果实从树上剪下，再将果柄齐萼片剪平。

（3）刀砍法。利用刀片切割果实的方法称为刀砍法。蔬菜中球类和大白菜多采用刀砍法。

（4）打落法。利用木杆、竹竿直接敲打或摇晃果枝的方法称为打落法。一些坚果和干果的采收采用此方法。在北方板栗产区，一般树上的球果完全成熟后自动开裂，坚果落地后再拾取。也有一次打落法，即等树上有 1/3 球果由青转黄开始开裂时，用竹竿一次全部打落，堆放几天，待大部分球果开裂后取出栗子。

3. 机械采收 目前也有采用机械采收的方式，可以节省劳力，但对果蔬损伤较严重，且无法判断成熟度的差异。机械采收多用于地广人稀与大规模种植果蔬的地区。

4. 注意事项

（1）尽可能避免在高温（高于 27℃）和强光照下采收，一般选择早晨或傍晚采摘。

（2）同一植株上的果实由于花期或各自所处的光照和营养状况不同，成熟早晚有差异，蔬菜产品如黄瓜、番茄、菜豆等要分期分批采收。在进行果品采收时，由于树冠外围的果实成熟较早，因此应按照“先下后上，先外后内”的原则进行。

（3）做好采收前的准备工作。

能力转化

一、选择题

1. 采用（　　）测定果实的含糖量。

A. 硬度计　B. 折光仪　C. 计量秤　D. 分光光度计

2. 进行果品采收时，应按照（　　）的原则进行。

A. 同时采收　B. 分批采收　C. 由里及外　D. 先下后上，先外后内

3. 以下可以判断果蔬成熟度的依据有（　　）。

A. 硬度　B. 生长期　C. 色泽　D. 风味

二、简述题

1. 果蔬采收中有哪些注意事项？

2. 调查当地的主要采收方式，并提出自己的相关建议。

任务 2　果蔬采后商品化处理

果蔬商品化处理是果蔬采摘后的重要工作。多数现代化果蔬采后的商品化处理技术包括预处理、分级、涂蜡、包装等。通过商品化处理能够提高果蔬的贮运性能、商品性能，从而提高果蔬的商品价值。

知识准备

一、预处理

采后预处理是指产品采收后在运输、贮藏前进行的修整、清洗、愈伤、预冷等一系列商品化处理的过程，这些采后的处理有利于保持收获后的果蔬产品品质，减少采后损失，改善产品外观。就某一产品而言，必要的预处理可能涉及其中的一项或几项。

1. 整理　整理是指果蔬产品采后去除废弃物的措施，即除去不能作为商品上市的部分，目的是使产品整齐美观，食用方便，便于包装和运输。大多采用人工修整，整理过程中应注意戴手套及轻拿轻放，也可结合采收进行机械化作业。

2. 清洗　果蔬产品采后为去除产品上黏附的尘土、污垢、病菌、虫卵等，需要进行清洗作业。经过清洗，可去污、除虫、减少病菌和农药残留，使产品符合商品要求和卫生标准，改善产品外观，提高商品价值。

3. 预贮　预贮是指果蔬产品采后贮运前置于阴凉干燥、通风良好的场所

进行短期贮藏的措施，可起到预冷、愈伤、软化和减少褐斑病、枯水病发病率等作用。

4. 愈伤　愈伤就是使产品的伤口愈合，以免病菌侵入引起腐烂。

5. 预冷　这是贮运前快速降低果蔬产品携带的田间热量的措施。果蔬产品采收后，尽快使果蔬体温适当降低，使其生理活动受到抑制，从而延缓代谢过程，减慢后熟衰老，减少处理（商品化）中的质变，保持采后果蔬产品的品质，减少贮运中的机械制冷负荷，节省能耗，成为现代果蔬产品采后保鲜处理冷链技术中的关键环节。

二、分级

分级是提高商品质量和实现产品商品化的重要手段，也便于产品的包装和运输。产品收获后将大小不一、色泽不均、感病或受到机械损伤的产品按照不同销售市场所要求的分级标准进行大小或品质分级。在我国，以《中华人民共和国标准化法》为依据，将标准分为四级：国家标准、行业标准、地方标准和企业标准。国家标准是由国家标准化主管机构批准颁布，在全国范围内统一使用的标准。行业标准又称专业标准、部标准，是在无国家标准情况下由主管机构或专业标准化组织批准发布，并在某一行业范围内统一使用的标准。我国的果蔬产品分级一般是在形状、新鲜度、颜色、品质、病虫害和机械伤等方面已经符合要求的基础上，按大小进行分级。蔬菜由于生长形态各异，无法制定统一的标准，在分级过程中可以按照已经颁布的各类蔬菜的农业标准（表 1-1、表 1-2、表 1-3）进行分级。

表 1-1　番茄等级（NY 940—2006）

等级	要　求
特级	外观一致，果形圆润无筋棱（具棱品种除外）；成熟适度、一致；色泽均匀，表皮光洁，果腔充实，果实坚实，富有弹性；无损伤、无裂口、无疤痕
一级	外观基本一致，果形基本圆润，稍有变形；已成熟或稍欠熟、成熟度基本一致；色泽较均匀，表皮有轻微的缺陷，果腔充实，果实坚实，富有弹性；无损伤、无裂口、无疤痕
二级	外观基本一致，果形基本圆润，稍有变形；已成熟或稍欠熟、色泽较均匀；果腔基本充实，果实较坚实，弹性稍差；有轻微损伤、无裂口、果皮有轻微的疤痕，但果实商品性未受影响

表 1-2　番茄规格（NY 940—2006）

	大（L）	中（M）	小（S）	樱桃番茄
直径（cm）	＞7	5～7	＜5	2～3

表 1-3　结球甘蓝等级（NY/T 1586—2008）

等级	要　求
一级	叶球大小整齐，外观一致，结球紧实，整齐良好；无老帮、焦边、侧芽萌发及机械损伤等，无病虫害损伤
二级	叶球大小基本整齐，外观基本一致，结球较整齐，修整较好；无老帮、焦边、侧芽萌发及机械损伤等，允许少量病虫害损伤等
三级	叶球大小基本整齐，外观相似，结球不够紧实，修整一般；允许少量焦边、侧芽萌发及机械损伤等，允许少量病虫害损伤等

当前水果产品的分级尚未完全制定出来，已经制定了国家标准的约有 20 个，有鲜苹果、鲜梨、柑橘、香蕉、鲜龙眼、核桃、板栗、红枣、枇杷、白莲、胡柚、沙棘、杨梅、罗汉果等，例如富士苹果按照果实横径分为三级（表 1-4），核桃按照果重分为四级（表 1-5）。制定了 14 个果蔬类无公害食品标准，有仁果类果蔬、落叶浆果类果品、落叶核果类果品、草莓、香蕉等。现在均可以查到相关的标准，不做赘述。

表 1-4　富士苹果分级标准（NY/T 1075—2006）

项　目	规 格 质 量		
	一级	二级	三级
果实横径（mm）	>70	>65	>60
果形	边缘性略偏尖，果柄完整	同一级	基本具本品种特点
色泽	底色淡黄绿色	同一级	同一级
果面	新鲜，光滑洁净，允许微磨伤。水锈或药斑总面积不超过 $1cm^2$	新鲜，光滑洁净，枝叶磨伤不超过 $3cm^2$，水锈或药斑总面积不超过 $2cm^2$	新鲜，允许枝叶磨伤不超过 1/4，水锈或药斑不超过 1/2
损伤与病虫害	无刺伤、划伤、无裂果、病虫果，轻微压伤（不褐变）总面积不超过 $1cm^2$，日烧伤面积不超过 1/10。允许雹伤一处面积不超过 $0.5cm^2$	无刺伤、划伤和裂果、病果、食心虫果，碰压伤（不褐变）面积不超过 $1cm^2$，日烧伤面积不超过 1/8。允许雹伤两处面积不超过 $2cm^2$，虫伤 5 处每年累积不超过 $0.5cm^2$	无腐烂和食心虫果，刺伤、划伤、新雹伤不超过 $0.3cm^2$，日烧伤面积不超过 1/4，雹伤 3 处，总面积不超过 $3cm^2$，虫伤 10 处，面积不超过 $3cm^2$

表 1-5　核桃坚果不同等级的品质指标（GB/T 20398—2006）

<table>
<tr><th>等级指标</th><th>优级</th><th>一级</th><th>二级</th><th>三级</th></tr>
<tr><td>外观</td><td colspan="2">坚果整齐端正；果面光或较麻；缝合线平或低</td><td colspan="2">坚果不整齐不端正；果面麻；缝合线高</td></tr>
<tr><td>平均果重</td><td>≥8.8</td><td colspan="2">≥7.5</td><td><7.5</td></tr>
<tr><td>取仁难易</td><td>极易</td><td colspan="2">易</td><td>较难</td></tr>
<tr><td>种仁颜色</td><td>黄白</td><td colspan="2">深黄</td><td>黄褐</td></tr>
<tr><td>饱满程度</td><td colspan="2">饱满</td><td colspan="2">较饱满</td></tr>
<tr><td>风味</td><td colspan="2">香、无异味</td><td colspan="2">较涩、无异味</td></tr>
<tr><td>壳厚（mm）</td><td>≤1.1</td><td colspan="2">1.2～1.8</td><td>1.9～2.0</td></tr>
<tr><td>出仁率（%）</td><td>≥59.0</td><td>50.0～58.9</td><td colspan="2">43.0～49.9</td></tr>
</table>

三、涂蜡

果蔬产品表面有一层天然的蜡质保护层，往往在采后处理或清洗中受到破坏。涂蜡即人为地在果蔬产品表面涂一层蜡质。涂蜡后可以增加产品光泽，改进外观，同时对果蔬产品的保存也有利，是常温下延长贮藏寿命的方法之一。

四、包装

果蔬产品包装是保证安全运输和贮藏的重要措施。合理的包装，可使果蔬产品在运输途中保持良好的形态，减少因互相摩擦、碰撞、挤压而造成机械损伤，减少病害蔓延和水分蒸发，避免果蔬产品散堆发热而引起腐烂变质。包装可使果蔬产品在流通中保持良好的稳定性，提高商品率和卫生安全质量。同时包装是商品的一部分，是贸易的辅助手段，为市场交易提供标准的规格单位，免去销售过程中的产品过秤，便于流通过程中的标准化，也有利于机械化操作。

包装容器应具备的基本条件为：①保护性。在装饰、运输、堆码中有足够的机械强度，防止果蔬产品受挤压碰撞而影响品质。②通透性。利于产品呼吸热乙烯气体的排出及氧、二氧化碳等气体的交换。③防潮性。避免由于容器的吸水变形而致内部产品腐烂。④包装材料清洁、无污染、无异味、无有害化学物质。常用的包装材料如表 1-6 所示。

表 1-6　内、外包装的形式、材料容器、特点及适用情况比较

种类	形式	材料	特　点	适宜果蔬
内包装	单果包装	纸、无毒塑料袋、泡沫网	抗挤压、碰撞、摩擦；防病菌传染、蔓延；保湿效果好；有一定的气调作用，但人工费用和材料成本高	苹果、梨、柑橘、瓜类
	小盒托盘	纸、无毒塑料	用来包装小型果实和特种果实，上覆塑料薄膜。抗挤压、碰撞；防病菌传染；保湿效果好；有一定的气调作用	草莓、樱桃等果蔬
	薄膜袋包装	聚乙烯等	多用于包装呼吸作用强烈的果蔬，可调节包装内气体组分，减少水分的蒸发，有利防止病害的相互传染	蒜薹、茼蒿、葡萄等
	支、垫物	纸、泡沫塑料	是辅助性内包装形式。以减弱振动冲击对果实造成的不良影响。同时可作为各种防腐、保鲜剂的载体	各类果实内包装
外包装	网、袋包装	麻、合成纤维	多用于根茎类蔬菜，便于短贮、运输和搬运	洋葱、薯类
	筐装	竹子、荆条等	包装成本低，易就地取材；但规格不一、牢固性能和包装性能差，贮运中易造成机械伤	各类果品蔬菜
	木条箱装	木、竹板条	牢固、规格、质轻，能循环使用；但耗费木材	各类果蔬
	瓦楞纸箱装	纸板	多用于果品，具有良好的包装性能，质轻、易于印刷、回收处理，适合机械化包装，依强度要求可制成多层瓦楞结构；但抗压小、环境湿度大时易吸潮变形，内容物重量不宜过大，以 10～20kg 为宜	各类果品、蔬菜
	塑料箱装	无毒聚乙烯塑料	牢固性强，方便于贮藏、运输、垛码和搬运，不吸潮无变形，可重复利用，上下箱体对果实无挤压	各类果品、蔬菜
	泡沫保温箱装	聚苯乙烯、树脂等	具有良好的隔热、缓冲性能，气密性高，质轻、成本低；有利于果蔬的保温贮藏和运输。但易造成污染	高档、特种果品

任务实施

一、整理

在果蔬产品采收回来后，首先进行初步整理。经过整理去除大白菜、甘蓝、花椰菜、西蓝花、结球莴苣等过多的外叶（适当留少许保护叶），萝卜、胡萝卜、芜菁、甘蓝等的顶叶和根毛，芹菜等的根，果品的叶片、过长果柄以及病虫、伤残和畸形果实等。

二、清洗

用于净菜或者精品果蔬的生产过程中。多采用水洗法清洗（湿洗），水洗

法有浸泡、冲洗、喷淋等方式。洗涤用水，特别是循环使用的水，除需进行一般的沉淀除杂等处理外，还必须加入适量的化学杀菌剂，如漂白粉、次氯酸钠、仲丁胺（2-AB）等，以防止病菌扩大侵染。水洗后还应进行干燥处理，避免果蔬表面残留水分。

三、预贮愈伤

一般用于含水量高、生理作用旺盛的果蔬产品，如柑橘、哈密瓜、马铃薯、甘薯、洋葱、大蒜、大白菜等。马铃薯、甘薯在采收的过程中容易产生机械损伤，在贮藏之前选择遮阳、保温保湿的贮藏库进行愈伤处理，在预贮过程中，轻微伤口会自然产生木栓愈伤组织，逐渐使伤口愈合。若伤口未愈合，表皮组织往往变色或腐烂，易于识别，应及时剔除再入库贮存，可以保证商品质量。柑橘、哈密瓜表皮含水量高，贮藏之前适当晾晒，柑橘失重达3%～5%时可明显减轻贮藏期枯水病的发生；哈密瓜适当晾晒，可使采摘、运输过程中造成的伤口愈合，也可使瓜皮变得柔软，增强耐贮性。白菜砍倒后，要在田间晾晒1～2d，使外叶失去一部分水分，组织变软，以减少机械损伤，提高细胞液浓度和抗寒力，晾晒要适度，否则失水过多，组织萎蔫，促进乙烯合成，加速脱帮，同时经过阳光中紫外线照射可杀死部分微生物，以增强耐性。洋葱、大蒜经适当的晾晒有利于外层革（膜）质化鳞片的形成，以增强其耐贮性。

四、预冷

1. 自然降温预冷 多用于我国北方，将采后果蔬产品马上放在阴凉通风的场所放置一夜，利用夜间低温冷却产品后再入贮。自然降温预冷是最简便易行的预冷方式，但冷却时间较长，且较难达到所需的预冷温度。

2. 空气预冷 有两种方法，一种是冷库预冷，将果蔬产品采后直接放入冷库，利用冷库释放的冷空气进行产品冷却。一般要求库温0～4℃，冷却时间1～3d，空气流量60～120m^3/min；要注意堆码方式，使全库均匀通风，分散堆码可加速预冷，但占地大，使库容降低，采用这种冷却方法需要有较大的库容量满足快速冷却的要求；包装容器的通气眼面积应大于边板的2%。由于冷却速度较慢，有些产品可能会在冷却完成前变质，所以适用于较耐贮运、不易迅速变质的产品，如苹果、梨、葡萄等。另一种是压差预冷，是一种通过在冷库内用强制冷空气迅速带走产品携带热量而达到预冷效果的方法。如设置冷墙等，冷墙上开风孔，将装果蔬产品的容器堆码于预冷风孔两侧或面对风孔，堵塞除容器气眼以外的一切气路，鼓风机推动冷墙内冷空气，在容器两侧造成压力差，经容器气眼通过产品，容器内产品并不做内包装，不加衬垫。当产品温度达到冷却要求时，立即停止或降低气流。为了减少产品失水，必要时应进行喷雾加湿，调节预冷库气流湿度。该方法成本较低，灵活方便，冷却效果较好，适用于大部分果蔬产品。

3. 水预冷 是将果蔬产品接触流动的冷水（常用冰水），可以将产品直接浸泡在冷水中，也可以以喷淋的方式，用冷水浸泡或冲淋产品达到降温的目的。冷却后的产品要充分沥水。有时加入消毒剂杀菌（也称为化学杀菌剂，如次氯酸、次氯酸钠、漂白粉、仲丁胺等）。冷却速率与冷水的流量直接相关，通常可在20～50min内使果蔬产品降到所需温度。

4. 真空预冷 是适用于表面积大的果蔬产品（结球和散叶莴苣、菠菜及其他叶菜等）的一种预冷方法，将果蔬产品放入真空预冷机（气密真空罐）内降压，使产品表层水分在低温下汽化（蒸发），以吸收产品热量（汽化热），而迅速降温的方法。此法预冷效率高，设备成本也高，为了降低预冷成本，提高设备利用率，可应用于较大规模的果蔬商品基地。真空预冷过程中，每降温6℃，产品含水量约损失1%。为了防止因失水造成品质降低，预冷前可在产品表面喷水或浸湿，既有利于减少产品水分损失，又利于迅速降温。

5. 冰预冷 适用于花椰菜、甜玉米、芹菜、胡萝卜、莴苣等。在盛产品的容器（包装）内，填充冰屑（碎冰）与水的混合物，填充重量约占产品重量的1/3，可保持较多的氧气和较高的湿度。该方法冷却速度较快，但需冷库配备采冰或制冰机制冰。

五、分级

分级的方法可以分为人工分级和机械分级。

1. 人工分级 果实在采收之后，由人工对果蔬果形、新鲜度、颜色、品质、病虫害和机械伤等方面进行挑选分级，剔除掉感病和机械损伤的产品，根据果实横径最大部分直径分为若干等级，对于有规范外形的果实一般采用的分级工具是分组（级）板。分级时将分组板用支架支撑，下置果箱，分组人员手拿果实，从小孔至大孔比漏（切勿从大孔至小孔比漏），以确保漏下的孔洞为该组的果实。为了正确进行分级，必须注意以下事项：分组（级）板必须检查，每孔误差不得超过0.5mm。分级时果实要拿端正，切忌横漏或斜漏。漏果时应用手接住，轻放入箱，不准随其坠落，以免果实出现新伤。应由果实自由漏下，不能用力将果从孔中按下。分级过程主要是凭感官进行手工操作，因此挑选人员必须掌握分级规格标准和合同要求，精神集中，认真负责，逐个过目，仔细挑选。分级板应严格按照分级产品的规格制作，避免误差过大。

2. 机械分级　该方法在果品的分级上应用较多，我国很多果品的主产区已有使用，如对苹果的分级就采用了全自动光电比色分级机，从果的清洗、大小分级、干燥、涂蜡、色选、包装等全部实现自动化（图 1-3）。

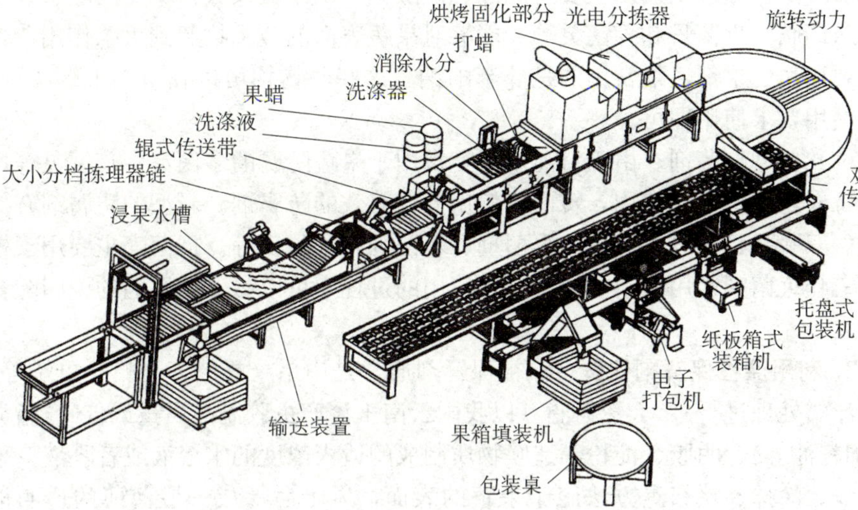

图 1-3　果蔬保鲜涂膜成套设备基本配置示意

六、保鲜

1. 利用乙烯脱除剂保鲜　果蔬贮藏环境中，即使存在 0.1%浓度的乙烯，也足以诱发果蔬的成熟，所以果蔬采收后 1～5d 施用乙烯脱除剂可抑制果蔬的呼吸作用，防止后熟老化。常用的乙烯脱除剂通常有物理吸附型和氧化吸附型两种。

（1）物理吸附型乙烯脱除剂。将活性炭装入透气性的布、纸等小袋内，连同待贮藏的果蔬一起装入塑料袋或其他容器中贮存，果蔬贮量较大的，将活性炭分散地放置于果蔬中层和上层，使用量一般为果蔬重量的 0.3%～3%。如活性炭受潮，吸附性能会降低，应予以更换。

（2）氧化吸附型乙烯脱除剂。氧化型的保鲜剂一般不单独使用，而是将其被覆于表面积大的多孔质吸附体的表面，如蛭石、活性炭、砖块等，构成氧化吸附型乙烯脱除剂。可以将高锰酸钾 5g、磷酸 5g、磷酸二氢钠 5g、沸石 65g、膨润土 20g 放在一起混合（或按比例混合），加少量水，搅拌均匀，充分浸润，经干燥后粉碎制成粒径 2～3mm 的小颗粒或制成 3mm 左右柱状体。将脱除剂装入透气性的小袋中，与待贮藏的果蔬一起装入容器中，密封包装置阴凉处贮存。氧化吸附型乙烯脱除剂适用于各种果蔬尤其适用于甜瓜、葡萄、水蜜桃的保鲜贮藏，使用量为果蔬重量的0.6%～2%。

2. 利用防腐保鲜剂保鲜

（1）防护型杀菌剂。主要有硼砂、硫酸钠、山梨酸及其盐类、丙酸、邻苯酚、氯硝胺、克菌丹和抑菌灵等。能够对果蔬表面的微生物起到灭杀作用。目前主要用作洗果剂，最常用的是邻苯酚钠。这些药物均可以在市场上购买到，按照使用要求使用即可。

（2）新型抑菌剂。由于目前市场上常用于果蔬防腐的多菌灵、硫菌灵等均为有毒农药，不建议使用，转而应使用低毒有效的防腐剂。新型的防腐剂有抑菌唑、双胍盐、咪鲜胺、三唑灭菌剂、异菌脲和乙膦铝等。抑菌唑主要用于柑橘，三唑灭菌剂常用于梨的保鲜。在使用的过程中可以参考防腐剂的说明配置使用。

3. 利用涂被保鲜剂保鲜 涂被保鲜剂通常是用蜡（蜂蜡、石蜡、虫蜡等，结合涂蜡处理进行）、天然树脂（以我国云南玉溪产虫胶制品质量最佳）、脂类（如棉籽油等）、明胶、淀粉等造膜物质制成的适当浓度的水溶液或者乳液。采用浸渍、涂抹、喷布等方法施于果蔬的表面，风干后形成一层薄薄的透明被膜，以达到抑制果蔬呼吸作用的目的。值得注意的是，涂蜡处理只是产品采后一定期限内商品化处理的一种辅助措施，只能在上市前进行处理或做短期贮藏、运输，否则会给产品的品质带来不良影响。

（1）蜡膜涂被剂。先将100g蜂蜡和10g蔗糖脂肪酸酯溶解在乙醇中，再将20g酪蛋白钠溶解在水中，两液混合后定容到1 000mL（量多按比例配制），快速搅拌，乳化分散后即为所要求的保鲜剂。用浸涂法施于番茄、茄子、苹果、梨等表面，风干后即形成一层保鲜膜。

（2）天然树脂膜涂被剂。将50g虫胶加入到80mL乙醇、80mL乙二醇的混合溶液中浸泡，使其溶解。加1 500mL氢氧化钠水溶液（由20g NaOH配制而成），加热搅拌，使溶解了的虫胶皂化（量大按上述比例调配）。将苹果、柑橘、梨等果实放在此溶液中浸渍，取出后风干，即形成一层透明的薄薄的保鲜膜。

（3）油脂膜涂被剂。先将琼脂浸泡在1 000mL温水中，待溶胀后加热化开。然后加入酪蛋白钠2g，硬脂酸单苷脂2.5g，豆油400g，进行高速搅拌得到乳化液（量大按上述比例调配）。将待保鲜物放在该乳液中浸渍，取出风干后贮存，保鲜期明显延长。例如，用上述乳化液处理蚕豆荚，在室温下存放半个月，仍保持绿色。未经处理的蚕豆荚，3d后表面即变黑，这种保鲜剂适用于果类和果菜类的贮运保鲜。

（4）其他膜涂被剂。先用少许冷水将100g淀粉调匀，倒入10kg沸水中调制成稀糨糊。冷却后加50g碳酸氢钠，充分搅拌均匀。将柑橘在此浆液中浸渍，捞出晾干后形成一层保护膜，按常规办法包装，置于阴凉处贮藏。

4. 常用的保鲜包装材料　保鲜包装材料是在普通包装材料的基础上加入保鲜剂或经特殊加工处理，赋予保鲜机能的包装材料。目前已经开发出来的保鲜包装材料有保鲜包装纸、保鲜箱和保鲜袋等。保鲜包装纸是将触媒型乙烯脱除剂充填到造纸原料中或者浸涂在造好的纸上，使其具有保鲜性能。保鲜箱和保鲜纸的原理相同，可将箱体的全部或者一部分进行保鲜处理，亦可将保鲜纸贴在箱体内侧而得到。保鲜袋有硅橡胶窗气调袋，防结露薄膜袋，微孔薄膜袋和混入抗菌剂、乙烯脱除剂、脱氧剂、脱臭剂等制成的塑料薄膜袋。保鲜包装材料由于具有许多优点，是深受用户欢迎的有很大发展前景的包装材料，近年来被广泛用于果蔬的贮藏保鲜。

七、包装

装箱（篓）前，先在容器内衬垫蒲包、纸张、干草等缓冲物，再放入果蔬，在空隙间还应加纸条、干草等填充物，以防相互碰撞、挤压，若能增加隔板和托盘效果更好。番茄、青椒等果蔬等在圆形容器内多沿壁由外至内呈同心圆形排列，大、中型果实应按照对角线排列、底层果实承受压力少，通风透气较好。果蔬上再加衬垫物后才能封箱，捆紧扎实，并注明产地、品种、等级、重量以及包装日期和单位和名称等。软性果蔬如草莓、葡萄、李子、水蜜桃等，由于含水量大，果肉组织极软，是最不易保鲜的一类。这类果蔬要求包装应具有防压、防振、防冲击性能，包装材料应具有适当的水蒸气、氧气透过率，避免包装内部产生水雾、结露和缺氧性败坏。一般选用瓦楞纸箱、木条箱、塑料箱，同时覆盖以玻璃纸、醋酸纤维素或聚苯乙烯等薄膜。硬质果蔬如苹果、香蕉、李、柑橘、桃、甘薯、胡萝卜、马铃薯、洋葱、山药、甜菜、萝卜等，由于肉质较硬，呼吸作用和蒸发也较软质果蔬缓慢，不易腐败，延长保鲜时间，因此其包装要求是创造最适的温湿度条件和环境气体，尽可能延长保鲜期。可采用普通的聚乙烯等薄膜包装或用浅盘盛放，用拉伸或收缩包裹等方式包装。茎叶类蔬菜组织脆嫩，脱水速度快，易造成萎蔫。另外，其呼吸速度也较快，对缺氧条件很敏感。因此，这类蔬菜的包装主要考虑其防潮性和抗损伤作用以及对环境气体的调节能力，一般选用瓦楞纸箱内套塑料薄膜袋。

能力转化

一、选择题

1. 马铃薯、甘薯在采收过程中容易产生机械损伤，在贮藏之前选择

(　　)的贮藏库进行愈伤处理。

A. 通风良好　　B. 低温

C. 遮阳、保温保湿　　D. 普通

2. 包装容器应具备的基本条件为(　　)。

A. 保护性、通透性、防潮性、清洁　B. 保护性、通透性、防潮性

C. 通透性、防潮性、清洁　　D. 保护性、防潮性、清洁

3. 软性果蔬草莓、葡萄、李子、水蜜桃一般适宜选用(　　)作为包装材料。

A. 纸箱、木箱　　B. 浅盘、薄膜包装

C. 塑料箱　　D. 瓦楞纸箱、木条箱、塑料箱

二、讨论题

调查了解当地的果实是否采用了预冷处理技术，针对当地主要果实提出你认为经济适用的预冷方法。

项目二　果蔬运输

果蔬运输是果蔬的动态贮藏，运输过程中产生的震动程度、运输工具中环境的温度、湿度和气体成分都会对运输效果产生巨大影响。只有具备良好的运输设施和技术，才能达到理想的运输效果。

知识准备

一、运输方式及工具

用于果蔬运输的方式很多，有铁路、水路、公路和航空等。对应的工具有火车、船舶、汽车和飞机。在果蔬的运输中，要根据所运果蔬的种类、贮运性能、经济效益来选择运输方式和工具。

二、运输要求

1. 快装快运　积压会造成损失，国家运输部门有规定，鲜活货物随到随运。

2. 轻装轻卸　避免机械损伤，防止产品腐烂变质，逐步实现机械装卸现代化。

3. 防热防冻　减少温差波动，重视利用自然条件和人工管理，配备降温

和防冻的装置，发展有控温调气的大集装箱。

三、运输对环境条件的要求

1. 震动 在果蔬产品运输过程中，由于受运输路线、运输工具、货品的堆码情况等影响，震动是一种经常出现的现象。剧烈的震动会给果蔬产品表面造成机械损伤，促进乙烯的合成，促进果实的快速成熟；同时伤口易引起微生物侵染，造成果蔬产品的腐烂，造成巨大的经济损失。所以在果蔬产品运输过程中，应尽量避免震动或减轻震动。

2. 温度 温度是果蔬产品运输过程中的一个重要因素。随着温度的升高，果蔬产品机体的代谢速率、呼吸速率、水分消耗都会大大加快，影响果实的新鲜度和品质；温度过低，会给果蔬产品有机体造成冷害，影响其耐贮性。根据运输过程中温度的不同，果蔬产品的运输分为常温运输和低温运输。常温运输中的货箱温度和产品温度易受外界气温的影响，特别是在盛夏和严冬影响更大。南菜北运，外界温度不断降低，应注意做好保温工作，防止产品受冻；北果南运，温度不断升高，应做好降温工作，防止产品大量腐烂。

3. 湿度 果蔬产品是鲜活产品，其水分含量为85%～95%。运输环境中湿度过低，加速水分蒸腾导致产品萎蔫，湿度过高，易造成微生物侵染和生理病害。在果蔬产品运输过程中保持适宜稳定的空气湿度，能有效地延长产品的贮藏寿命，为了防止水分过分蒸腾，可以采用隔水纸箱或在纸箱中用聚乙烯薄膜铺垫或通过定期喷水的方法提高运输环境中的空气湿度。

4. 气体成分 除气调运输外，新鲜果蔬产品因自身呼吸、容器材料性质以及运输工具的不同，容器内气体成分也会有相应的改变。使用普通纸箱时，因气体分子可从箱面上自由扩散，箱内气体成分变化不大，二氧化碳的浓度一般不超过0.1%，有利于运输；当使用具有耐水性的塑料薄膜贴附的纸箱时，气体分子的扩散受到抑制，箱内会有二氧化碳气体积累，积聚的程度因塑料薄膜的种类和厚度而异，如果是长途长期运输，应留下通气孔隙。

5. 包装 包装所用的材料要根据果蔬产品种类和运输条件而定。常用的材料有纸箱、塑料箱、木箱、铁丝筐、柳条筐、竹筐等，抗挤压的果蔬产品也有采用麻布包、草包、蒲包、化纤包等包装。近年来纸箱、塑料箱包装发展较快。国外果蔬产品的运输包装主要以纸箱、塑料箱为主。

6. 堆码与装卸 果蔬产品的装运方法与货物的运输质量的高低有非常重要的关系，常见的装车法有“品”字形装车法，“井”字形装车法，“一、二、三，三、二、一”装车法，筐口对装法等。无论采用哪种装运方法都必须注意尽量利用运输工具的容积，并利于内部空气的流通。

新鲜果蔬产品流通过程中，装卸是必不可少的重要环节，常见的装卸工具有集装箱、托盘。其中集装箱是一种便于机械化装卸和运输的大型货箱。国际标准化组织技术委员会提出集装箱必须具备以下条件：①能长期反复使用，具有足够的强度；②在途中转运时，不移动容器的货物可以直接换装，即从一种运输工具直接换到另一种运输工具上，以达到快速装卸；③便于货物的装满、卸完和机械化装卸；④具有 $10m^3$ 以上内容积。

四、冷链运输系统

为了确保果蔬的贮运品质，从果蔬产品生产到消费之间需要维持一定的低温条件，即果蔬采收后处理、贮藏、运输、销售等一系列流通过程中都应实施低温环境保藏，以保持其新鲜度，防止品质下降，这种低温保藏技术体系可称为冷链运输系统（图 1-4）。

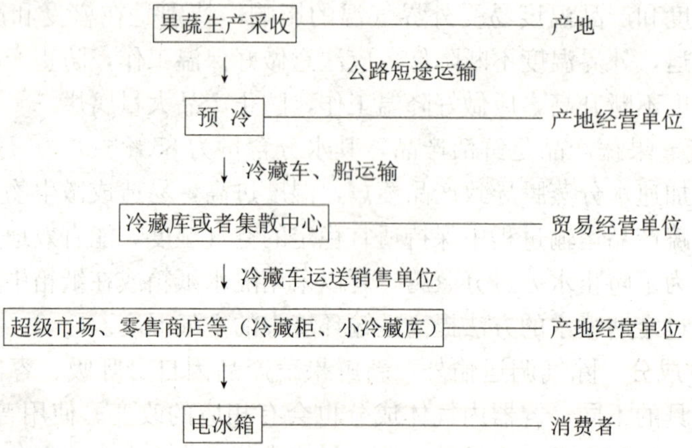

图 1-4　冷链运输系统示意

任务实施

1. 运输方案的制订　根据运输产品的特性制订运输方案，方案当中包括运输产品耐贮特性的分析、路线的选择、包装材料的确定、运输工具的确定、包装运输前的预处理方式的选择和运输费用的预算。

2. 预处理　根据产品的特性选择适当的预处理方式，如预冷、保鲜剂涂膜、分级、包装等。

3. 装车　按前文讲到的堆码与装卸的方法装车。

4. 运输　根据运输方案中确定的运输方式，联络相关车辆，签订运输协议安排运输。

实际案例：准备选择 4 种果蔬从威海运输到济南经二路，分别是苹果、梨、橘子、无花果。请设计出最佳运输方案。

首先分析四种果蔬的特性（表 1-7），根据产品的特性确定包装材料（表 1-8）。

表 1-7　各产品特性分析

果蔬种类	产品特性
苹果	苹果属于蔷薇科，是世界产量最多的果品，其味道酸甜可口营养丰富。各个苹果之间以及苹果与包装容器之间不应发生相对位移，以避免震动损伤。包装容器内应装满，但不要过满，也不要装得太紧
梨	梨又称快果、蜜父、果宗，俗称白梨、沙梨和水梨等，一种乔木梨树的果实，其味甘微酸，性凉，质地脆，搬运过程中易受伤害。包装和运输须做防震动处理，轻装轻卸减少果实之间的擦伤。其次，要注意运输期间果实温度、湿度和气体环境，及时排风保湿
橘子	橘子为柑橘属常绿乔木或灌木，有福橘、朱橘等多种。橘类的成熟果实味道鲜美，营养丰富。橘子装运前果实应经过预冷处理，除去田间热；运输途中应尽量减少中转次数；在运输途中对温湿度进行及时管理，创造良好的运输条件
无花果	无花果为落叶灌木或乔木，是一种稀有果蔬。无花果果皮较薄，极易划伤，导致褐变和病菌侵染。注意果箱码垛要安全稳固，快装快卸，维持运输车内空气流通性能良好

表 1-8　各产品的包装方式

产品	产品对包装要求	包装方式
苹果和梨	温度过低或过高，造成冻伤或促进衰老，实践中更易出现后者情况 包装不当，由于颠簸磕碰，造成机械损伤	瓦楞纸箱
橘子	橘子表皮较厚，有一定的抗机械外力的能力	纸箱包装
无花果	是比较脆弱的果蔬，易受到机械损伤	果筐，每层之间用纸隔开

其次，选择威海到济南的路线：威海→绕城高速→济南/潍坊→同三高速→潍莱高速→济青高速/潍坊/淄博/济南→顺河高架路→经四路→顺河西街→纬二路→经一路→经二路。威海到济南的距离比较近，考虑到各种因素，我们最终选择用公路运输。

最后，运输费用预算：杂费 10 000 元、保险费 1 200 元、交通费 1 500 元、车辆费用 9 000 元，共计 21 700 元。

能力转化

一、填空题

1. 公路运输的最大优点在于________。

2. ________适用于承担大宗水果的国际间贸易运输。

3. 南菜北运，外界温度不断降低，应注意做好________；北果南运，温度不断升高，应做好________。

4. ________是一种便于机械化装卸和运输的大型货箱。

二、简答题

1. 什么是低温冷链运输系统？

2. 果蔬的运输过程中对环境条件的要求有哪些？

三、操作题

请结合当地的果蔬产品的运输情况设计运输流程。

单元二

主要果蔬贮藏保鲜技术

学习目标

知识目标

1. 掌握影响果蔬贮藏的因素。
2. 掌握常见北方果蔬的贮藏方式并能够进行贮藏库管理。

能力目标

1. 熟练掌握各种贮藏库的管理要素。
2. 掌握常见果蔬的各种贮藏技术。
3. 培养理论联系实际的能力。

项目一　果品贮藏技术

知识准备

一、果蔬贮藏的理论基础——呼吸作用

新鲜的果蔬产品是植物体的一部分或一个器官，在田间生长发育到一定阶段，达到要求后就需要进行采收。采收后，果实脱离了母体，失去了来自母体水分、养分的补充，成为一个独立的、有生命的个体。呼吸作用是植物体具有生命活动的标志。果蔬采收后，脱离了母体，光合作用停止，呼吸作用成为新陈代谢的主导过程。

1. 呼吸作用　呼吸作用是分解消耗果蔬自身的贮藏物质，产生能量维持果蔬生命活动的过程。在这一过程当中，果蔬体内的糖分、有机酸、蛋白质、

脂肪等营养物质被分解消耗，同时能量被逐步释放，果蔬以此来维护脱离植株母体后的生命活力，进而在一段时间内保持新鲜的状态。

2. 呼吸作用的正面作用 呼吸作用是采后果蔬生命存在的基础，也就成为耐贮性和抗病性存在的前提。它不仅能提供能量，而且由于许多呼吸中间产物是重新合成新物质的原料，通过这些物质转变，将糖、脂肪、蛋白质及许多物质代谢联系起来，使得呼吸作用密切影响到果蔬的成熟、衰老、抗病、愈伤等过程，也就密切影响到果蔬耐贮性和抗病性的发展变化。

3. 呼吸作用的负面作用 呼吸作用会不断消耗果蔬的贮藏物质，加快果蔬的生命活动，促进其衰老，对采后果蔬贮藏是不利的。同时，呼吸会产生呼吸热，使果蔬的体温增高，促进呼吸强度导致体内有机物消耗加快，缩短贮藏时间。

二、影响呼吸作用的因素

1. 遗传因素 果蔬种类间耐贮性的差异是由它们的遗传特性决定的。总体而言，产于热带地区或在高温季节成熟的果蔬不耐贮；产于温带地区或在低温冷凉气候成熟收获的果蔬比较耐贮藏，见表 2-1。另外一方面，具有完整、致密、坚固的外皮组织如老熟的南瓜、冬瓜以及结构良好的具表面保护层和蜡粉、茸毛等附着物，如蜡层果粉较厚的果、梨、葡萄等都有助于贮藏，比较耐贮藏。

表 2-1 不同种类果蔬耐贮性比较分析

种类		食用器官	耐贮性分析
蔬菜	叶菜类	叶片	叶片是植物的同化器官，各种代谢都极为活跃，而叶球类的球叶已变态为养分的贮藏器官，收获时新陈代谢强度已有明显的降低，因此，绿叶菜类最难贮藏而叶球类比较耐贮
	花菜类	花	花是植物的繁殖器官，新陈代谢比较旺盛，不耐贮藏。花椰菜是变态花序，蒜薹是花茎，较耐贮藏
	果菜类（瓜类、豆类、茄果类）	果实	以幼嫩果实为食用的蔬菜，如黄瓜、菜豆，它的新陈代谢比较旺盛，加之表层的保护组织还未发育完全，对内层气体交换没多大阻碍，水分的蒸发较容易，不耐贮藏。有些如冬瓜、南瓜等在充分成熟时采收，它表层的保护组织已发育完全，果皮上形成了厚厚的蜡粉或茸毛等，耐藏性较强
	块茎、球茎、鳞茎等茎菜类	植物的营养贮藏器官	多数具有生理休眠或强制休眠的特性，最耐贮藏
	肉质直根、块根等根菜类蔬菜	植物的营养贮藏器官	多数具有生理休眠或强制休眠的特性，最耐贮藏

（续）

种　类		食用器官	耐贮性分析
果品		果实	水果中苹果、梨、柑橘、葡萄、猕猴桃在深秋成熟，外界天气转凉，呼吸强度减弱，较耐贮藏 桃、杏、李等在夏季成熟，温度高，呼吸强度大，耐贮性差

2. 生长因素　果蔬在生长期间生长环境和种植条件也是影响其耐藏性的因素之一。

3. 环境因素　当确定了某一种类果蔬为贮藏对象时，果蔬在采收以后所处的贮藏环境条件则成为影响果蔬贮藏寿命的主要因素。概括来讲，贮藏环境条件主要是温度、湿度和气体成分。

（1）温度。温度是果蔬贮藏过程中对贮藏效果影响最大的因素，一定范围内的低温能够降低果蔬的呼吸强度，减少水分蒸发，有利于延缓生理生化过程，延缓果蔬的成熟与衰老，是保持果蔬的风味、品质，延长果蔬贮藏寿命的有效手段。但是每一种果蔬都有其最适的贮藏低温范围，即贮藏适温，如表2-2所示。当温度高于贮藏适温时，会加快呼吸消耗，缩短贮藏时间；当温度低于贮藏适温时，轻者出现冷害，重者出现冻害。如苹果在0℃贮藏很好，但香蕉贮藏在0℃就会出现严重冷害。因此在贮藏的过程中，应严格按照贮藏果蔬的适宜温度进行调节，避免人为造成温度不适而影响贮藏期限和效果。

表 2-2　一些果蔬适宜的贮藏温湿度

种类	温度（℃）	相对湿度（%）	种类	温度（℃）	相对湿度（%）
绿熟番茄	10～12	80～85	苹果	−1～4	85～93
成熟番茄	0～2	85～90	葡萄	−1～0	90～95
甜椒	7～9	85～90	桃	−0.5～0	85～93
茄子	7～10	85～90	梨	0～1	85～95
黄瓜	10～13	85～90	杏	0	90
西瓜	7～10	85～90	甜樱桃	−1	90～95
萝卜	0～3	90～95	芒果	13	85～90
马铃薯	3～5	80～85	菠萝	7.5～10	85～90
姜	10～15	85～90	柿	−1～0	85～90
白菜	−1～1	85～90	李	−1～0	85～90
芹菜	−3～0	90～95	草莓	−0.5～0	90～95
蒜薹	−1～0	90～95	猕猴桃	−0.5～0	90～95
洋葱	−3～0	75～80	香蕉	13	90～95
大蒜	−1～0	75～80	柑橘	3～10	85～90

（2）湿度。果蔬含有大量的水分，果品含水量为70%～90%，蔬菜含水量为75%～95%。果蔬采收后，由于呼吸作用产生呼吸热及环境相对湿度不足等因素，采收后的果蔬与采摘前一样，会不断地进行水分蒸发，所不同的是采前果蔬可以通过根部吸收水分而得到补偿，采后果蔬得不到补充，果蔬因含有丰富的水分而呈现鲜活与脆嫩，在贮藏中由于水分的过度蒸发导致果蔬表面皱缩的现象称为萎蔫。一般认为果蔬失水5%以上就呈现萎蔫状态。萎蔫使果蔬失去了新鲜饱满的状态，影响其食用品质及商品价值；引起果蔬重量减轻，造成直接经济损失。再者，由于萎蔫，正常的呼吸作用受到破坏，促进水解酶的活性增强，削弱了果蔬固有的耐贮性和抗病性。在贮藏过程中应调整环境的相对湿度以达到防止果蔬水分过度蒸发。

防止果蔬水分蒸发、萎蔫的措施有：

①严格控制果蔬采收成熟度，使保护层发育完整。

②提高贮藏场所内空气的相对湿度，增加空气相对湿度常采用地面洒水或铺湿锯末、库内挂湿草帘、还可用自动加湿器向库内喷水雾或喷蒸汽。

③保持贮藏场所内稳定的低温。低温可降低空气的饱和湿度，减少果蔬内水分蒸发。

④塑料薄膜包装。采用塑料袋、塑料帐、塑料薄膜单果包装等方法可以保持果蔬贮藏小环境内较高的相对湿度，从而减少水分蒸发。

⑤打蜡或涂膜。采用高分子涂被剂，在果蔬表面形成一层涂层，不仅减少水分蒸发，而且可以提高果蔬的商品价值。

⑥尽量减少贮藏库内通风换气的时间和次数。

果蔬在贮运过程中常在果蔬表面、塑料包装袋内壁等处凝结成水珠，这种现象称为结露。结露后，附着或滴落到果蔬表面的水珠，易造成微生物的生长繁殖、传播、侵入，特别是受机械伤的果蔬更易引起腐烂，对贮藏极为不利，在贮藏过程中应尽力避免结露的出现。针对最容易出现结露现象的因素在贮藏过程中应当采取有效的措施予以防止：

①果蔬入库初期，水分蒸发量大，环境湿度高，若库温骤然下降，容易出现结露现象。在入贮前，果蔬最好做预冷降温，入贮后降温的过程应缓慢，每次温差不超过0.5℃。

②果蔬在库内堆积过多（如冷库贮藏苹果，有效空间的贮藏密度不应超过250kg/m^3），通风散热缓慢，造成堆内外温度湿度的差异，容易在堆垛表面结露。长期贮藏的果蔬应尽量避免堆积体积过大，果蔬包装后可采用果架摆放贮藏能较好地避免由堆积（如冷库贮藏苹果，有效空间的贮藏密度不应超过250kg/m^3）过大导致的结露。

③利用塑料袋包装时，塑料袋内果蔬释放的呼吸热及水分蒸发造成袋内高温高湿的环境，使塑料薄膜处于冷热交界面，袋内壁容易结露。在贮藏中要定期打开塑料袋释放聚集的热量。

④冷藏后的果蔬，未经升温而直接放置于高温场所，空气中的水汽在果蔬表面（果蔬本身是冷源）形成水珠。果蔬出库前应有一个升温的过程，升至果蔬的温度不低于室温 5℃再出库。

（3）气体成分。贮藏环境中的气体成分也是影响果蔬贮藏质量的重要环境因素，主要包括氧气、二氧化碳以及果蔬在贮藏过程释放到环境中的乙烯等挥发性物质。

氧气是维持果蔬正常呼吸的重要物质，是进行生物氧化反应不可缺少的条件。环境中氧气的含量直接关系果蔬的呼吸作用，从而影响贮藏效果。一般大气中含有 21％的氧气，通常氧气浓度低于 10％时，呼吸作用会有明显降低，从而延长贮藏时间。低氧气浓度可以抑制微生物的生长，5％～8％的氧气浓度可降低果蔬腐烂率。但是要避免由于缺少氧气而发生无氧呼吸。当前常用的控制氧气的方法主要是将贮藏果蔬存放于密闭容器内如塑料袋，利用果实自身的呼吸作用逐步消耗氧气达到降氧的目的，或利用气体调节技术，将贮藏库调节为低氧的状态。二氧化碳是果蔬呼吸代谢的产物之一，在大气中的含量约为 0.03％，提高贮藏环境中二氧化碳浓度，呼吸会受到抑制。对多数果蔬来说，适宜的二氧化碳浓度为1％～5％；浓度过高，达 10％时，反而会刺激呼吸作用，严重时引起代谢失调，即二氧化碳中毒。导致果蔬发生生理病害丧失贮藏性。

贮藏环境中，常常有乙烯的积累。乙烯是一种促进果实成熟的植物激素，在正常条件下为气态。随着果实的成熟，其体内产生乙烯，而新产生的乙烯具有挥发性，在密闭的贮藏空间内能够催熟其他果实并加速其衰老。因此，在果蔬长期贮藏的环境中应避免乙烯气体的蓄积。一般会采用定期通风换气的方法排出乙烯。

4. 其他因素

（1）休眠。休眠是植物生命周期中生长发育暂时停止而进入相对静止状态的现象，是植物在完成营养生长或生殖生长以后，为了度过严冬、酷暑、干旱等不良环境，在长期的系统发育中所形成的一种特性。一些二年生蔬菜，如结球白菜、萝卜、大蒜、洋葱、马铃薯等，在完成其营养生长后都有休眠现象。在休眠期，新陈代谢、营养物质消耗和水分的蒸发都降低到最低限度，能较好地保持蔬菜的食用品质，对贮藏极为有利。因此，对于具有生理休眠的蔬菜贮藏的关键在于抓好休眠诱导期及苏醒期的管理，使其在采收后很快进入休眠，贮藏后期延缓苏醒，延长休眠。

（2）机械损伤。任何机械损伤，即使是轻微的挤伤或压伤，都会刺激呼吸作用加强。机械损伤刺激乙烯合成加强，给微生物侵染创造了条件。因此在采收之后的各个环节中，应尽量避免产品受到机械损伤和病虫害侵染。

影响贮藏质量的因素是多方面的、复杂的。这些因素之间不是孤立的，而是相互联系、相互制约的。因此，在贮藏中要综合考虑，抓住关键，才能达到理想的贮藏效果。

任务1　苹果贮藏技术

知识准备

一、贮藏特性

常见苹果品种有60多种，按成熟度可分为早熟种、中熟种和晚熟种，中、晚熟品种比早熟品种耐贮藏。早熟品种如黄魁、祝光、丹顶等，这类苹果质地松、味多酸、果皮薄、蜡质少，由于在7～8月高温季节成熟，不耐远运和贮藏。中熟品种如红玉、鸡冠、黄元帅、红星、红冠、倭锦等，多在9月成熟，这类苹果多甜中带酸，肉质较早熟种硬实些，因而较早熟种耐贮运。其中红玉、黄元帅易失水皱皮，红星、红冠、倭锦果肉易发绵，鸡冠果皮、果肉、果心易褐变，这类苹果冷藏会延长贮藏期，气调贮藏效果会更明显。晚熟品种如国光、青香蕉、印度、红富士等在10月成熟，这类苹果内质紧实、脆甜稍酸，由于晚熟积累养分较多，最耐长期贮运，冷藏或气调贮藏可达7～8个月。

二、贮藏条件

苹果的贮藏条件因品种不同而有差异，如表2-3所示。

1. 温度　苹果耐低温贮藏，多数品种贮藏适温在－1～0℃；不同品种的贮藏适温不同，同一品种，不同产区对低温的敏感性也不同，如红玉苹果0℃贮温适宜，国光可在－2℃下贮藏，红元帅苹果贮温－2～－1℃。气调贮藏适温应比普通冷藏高0.5～1℃。

2. 相对湿度　苹果贮藏要求90%～95%的相对湿度。

3. 气体　苹果适宜低氧、低二氧化碳气调贮藏，一般苹果气调贮藏适宜的气体条件氧是2%～3%，二氧化碳是0～5%，但不同品种具体要求的氧和二氧化碳气体指标有不同。黄元帅苹果要求氧是1%～5%，二氧化碳是1%～

6%；国光苹果要求氧是2%～6%，二氧化碳是1%～4%；红富士苹果要求氧是2%～7%，二氧化碳是0%～2%。

表 2-3　苹果部分品种的贮藏条件和贮藏期

品种	温度（℃）	相对湿度（%）	氧气（%）	二氧化碳（%）	贮藏期（月）
元帅	0～1	95	2～4	3～5	3～5
红星	0～2	95	2～4	3～5	3～5
金冠	0～2	90～95	2～3	1～2	2～4
红玉	2～4	90～95	3	5	2～4
橘苹	3～4	90～95	2～3	1～2	3～5
赤龙	0	95	2～3	2～3	4～6
老特兰	3.5	95	3	2～3	3～5
国光	－1～0	95	2～4	3～6	5～7
富士	－1～1	95	3～5	1～2	5～7
青香蕉	0～2	90～95	2～4	3～5	4～6

三、苹果的常见贮藏方式

1. 窑窖贮藏　窑窖是我国北方常见的一种贮藏库。多建在丘陵山坡，土质坚硬迎风的地方，坚固耐用，能够多年使用。通常选择在山坡或土丘的迎风面挖窑洞，一般长6～8m，宽1～2m，高2～2.5m，拱形顶，设窑门，各地在多年使用中，不断进行改进，如设两道门，第一道门是实门，防止外界寒风直接吹袭；第二道门设棉门帘，以加强保温效果。又如，在窑洞的最后部设一个通气孔，加快通风换气（图2-1）。

窑窖结构简单，建造费用低，由于充分利用土壤的保温性能，受外界气温影响小，温度低而平稳，相对湿度较高，有利于产品的保存。随着科技攻关成果的推广应用，窑窖的结构进一步改进，通风系统更趋于合理，再加上限制气调贮藏技术在窑窖内的应用，贮藏效果明显提高。

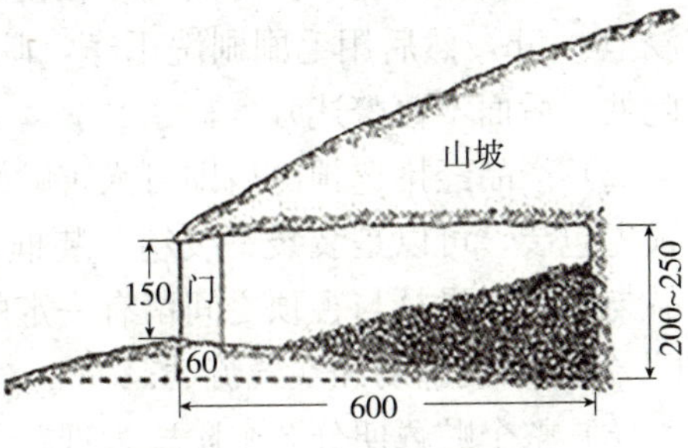

图2-1　窑窖示意（单位：cm）

2. 冷库贮藏　这是利用能够自主调节温度的冷库，根据不同贮藏商品的要求，控制库房内的温度与相对湿度条件在合理的水平，并适当加以通风换气的一种贮藏方式。适宜做长期贮藏。

任务实施

一、操作流程

确定采收期→采收→采后处理（挑选分级、预贮、防腐处理、包装、预冷等）→入窖（入窖前的清理、消毒，冷库需要在入贮前行制冷设备的检修）→贮藏期管理（温度、湿度、通风换气、检查）→出库（出库后，上市前处理）。

1. 适时采收 采收的早晚对苹果的贮藏效果影响很大，采收期要依品种特性、当年气候状况、贮藏期来确定。采收过早，其表现不出本品种品质特性（色泽、风味等）而影响贮藏效果，同时在贮藏过程中还容易发生病害，造成损失；采收过晚，会影响其耐贮性和抗病性，而达不到贮藏目的。

2. 采后处理 采收后应立即按行业标准进行选果、分级、包装，有条件者可在预贮间中进行，无条件者可在采收现场的遮阳棚中进行。同时，根据采收后用途决定是否进行其他采后商品化处理和防腐药剂的使用。

苹果冷藏的适宜温度因品种而异，大多数晚熟品种以－1～0℃为宜，空气相对湿度为90%～95%。苹果采后应尽快冷却，最好在采后3d内入库，入库后3～5d降温至贮藏要求的温度。

二、窖窖贮藏

（1）空窖特别是旧窖，在果蔬入窖前，要彻底进行清扫并消毒，消毒的方法可用硫黄熏蒸（10g/m^3），也可用1%的甲醛溶液喷洒，密封2d通风换气后使用。贮藏所用的篓、筐等用具，在使用前也要用0.05%～0.5%的漂白粉溶液浸泡0.5h，然后用毛刷刷洗干净，晾干后使用（后面的窖窖贮藏消毒可参见此处，后面不再赘述）。

（2）产品经挑选预冷后即可入窖贮藏，一般苹果不能散堆在窖内贮藏，应该预先包装，可以是装袋、装箱、装框。在窖内堆码时，要注意果品与窖壁、果品与果品、果品与窖顶之间留有一定的间隙，码放时最好排放成“品”字或“井”字形以便翻动和空气流动。

（3）整个贮藏期分3个阶段管理。

①入窖初期，由于气温较高，同时果蔬呼吸旺盛，产生的呼吸热也多，窖内温度升高很快，因此，要在夜间全部打开通气孔，引入冷空气，达到迅速降温的目的。通风换气时间以凌晨效果最好。

②贮藏中期，正值严冬季节，外界气温很低，要做好保温防冻，平时关闭窖口和通气口，需要通风换气时，打开通气进行换气。

③贮藏后期，严冬已过，气温回升，窖内温度也回升，这时应选择在温度较低的早晚进行通风换气。随时检查产品，发现腐烂果蔬，及时除去，以防交叉感染。

窑窖的相对湿度较大，容易造成果蔬产品的腐烂，可采用在库内撒生石灰的办法来除湿，如果在初期多出现相对湿度不够的情况，可采用地面洒水、挂湿帘子等方法加湿。

（4）果蔬全部出窖后，应立即将窖内打扫干净，同时封闭窖门和通风孔，以便秋季重新使用时，窖内保持较低的温度。

（5）在贮藏的全过程中应注意病虫和鼠害的预防，在门口设置挡鼠板，在窗户处加纱窗，在库内放置捕鼠夹、粘鼠板等。

三、机械冷库贮藏

1. 冷库（库房）消毒　一般采用消毒液熏蒸或喷洒的方法，硫黄熏蒸（10g/m^3，12～24h）；福尔马林熏蒸（36%甲醛12～15mL/m^3，12～24h）；过氧乙酸熏蒸（26%过氧乙酸5～10mL/m^3，12～24h）；0.2%过氧乙酸或0.3%～0.4%有效氯漂白粉溶液喷洒（后面的冷库贮藏库房消毒都可参见此处，不再赘述）。

2. 入库管理　产品入库贮藏时，如果已经预冷则可一次性入库贮藏。若未经预冷处理则应分次、分批进行。除第一批外，以后每次的入贮量不应太多，以免引起库温的剧烈波动和影响降温速度。入贮量第一次以不超过该库总量的1/5，以后以1/10～1/8为好。堆放的总要求是“三离一隙”。“三离”指的是离墙、离地面、离天花板。离墙指产品堆垛距离墙20～30cm；离地指产品不能直接堆放在地面上，要用垫板架空，确保空气能在堆垛下形成循环；离天花板一般要求距离天花板0.5～0.8m，或低于冷风管道送风口30～40cm。“一隙”指堆垛与堆垛之间及堆内要留有一定的空隙。

3. 温湿度管理　冷藏库温度管理把握“适宜、稳定、均匀及产品进出库时的合理升降温”的原则。温度的监控可采用自动化系统实施，温度的波动以不超过±0.5℃为宜。相对湿度应控制在90%～95%，较高的相对湿度条件对于控制苹果的水分蒸腾、保持新鲜十分重要。通风换气即库内外进行气体交换，以降低库内产品新陈代谢产生的乙烯和二氧化碳等废气。通风换气应在库内外温差最小的时段进行，每次1h左右，入贮初期10～15d 1次，中后期30d左右1次。

4. 贮藏管理　在贮藏期间应对贮藏的苹果做检查，及时挑出病烂果，避免造成大面积的腐烂，贮藏前期由于呼吸作用旺盛，库温不稳定可以3～5d检查一次，中后期可间隔15d甚至更长时间检查一次。

5. 出库管理　贮藏的苹果在出库时应进行适当的升温处理，升温速度不宜太快，维持气温比品温高3～4℃即可，直至品温比正常气温低4～5℃为止。一般可在冷库外的走廊升温后再出库。

四、塑料薄膜封闭贮藏

塑料薄膜封闭贮藏一般与窑窖贮藏或冷库贮藏配合使用，密封帐（袋）可设置在普通冷藏库内，也可设在窑窖内，可以起到调节气体组分的作用。一般有大帐法和袋封法两种贮藏方式。

1. 大帐法 指在产品堆垛的上下及四周用薄膜包围封闭的方法。产品一般先用容器包装再堆成垛，垛底先垫衬底塑料薄膜，其上放垫木，使盛果品的容器垫空。产品摆放好后，罩上薄膜帐，将帐和垫底膜的四边叠卷，压紧即可。苹果用使用通气的容器装盛，码成垛。先垫衬底薄膜，其上放垫木，使盛果容器垫空。每一容器的上下四周都酌留通气孔隙。码好的垛用塑料帐子罩住，帐子和垫底薄膜的四边互相重叠卷起并埋入垛四周的沟中，或用土、砖等物压紧。也可用活动果架装苹果，整架封闭。密封帐都是0.1～0.2mm厚的聚乙烯或聚氯乙烯做成。封帐后，可用分子筛制氮机调节气体成分，向袋内输入氮气，排除氧气，达到快速降氧的目的，使帐内氧气含量迅速降低到苹果所适宜的范围。也可通过自然降氧，利用苹果的呼吸作用降低帐内氧气含量。帐内加适量消石灰，将多余的二氧化碳吸收掉。帐内氧气过低时可通入新鲜空气（图2-2、图2-3、图2-4）。

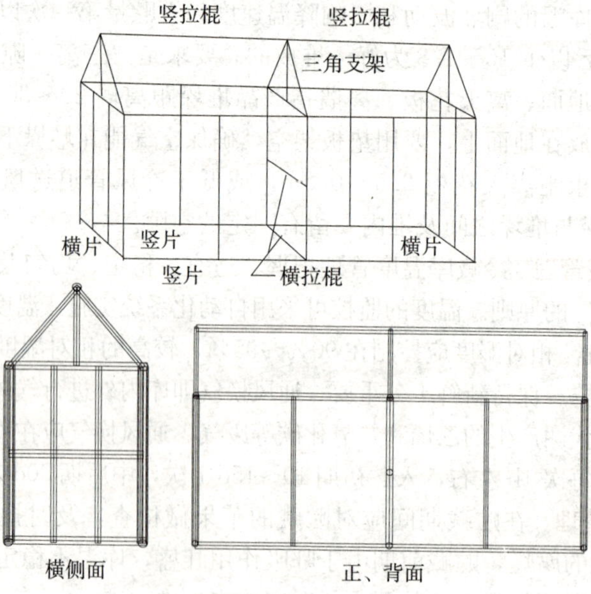

图2-2 塑料大帐结构图

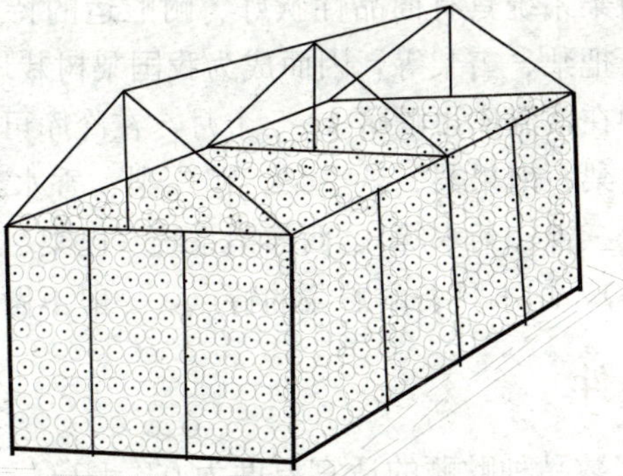

图 2-3　塑料大帐框架示意

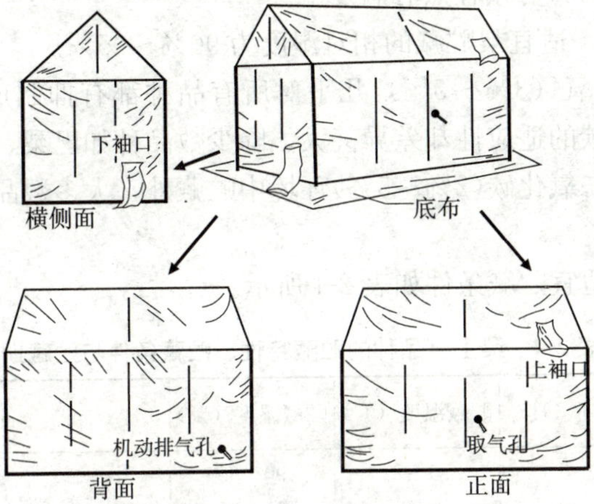

图 2-4　塑料大帐扣帐示意

2. 袋封法　是将产品装在塑料薄膜袋内（多数为 0.02～0.08mm 厚的聚乙烯），扎紧袋口或热合密封的一种简易气调贮藏方法，在果蔬贮藏上应用较为普遍。袋的规格、袋的容量不一，大的 30kg 一袋，小的一般小于 10kg 一袋，也可以单果包装。

任务 2　梨贮藏技术

知识准备

一、贮藏特性

我国的梨分为秋子梨、白梨、沙梨和西洋梨四大系统，梨的耐藏性跟其品种有很大关系，白梨系统具有商品性状好、耐贮运的特点，主要品种有鸭梨、酥梨、雪花梨、长把梨、雪梨等，因而成为我国梨树栽培和贮运营销的主要品系。其中许多品种在常温库可贮藏4～5个月，在冷库可贮藏6～8个月。其他秋子梨系统（京白梨、南果梨、秋子梨、鸭广梨、香水梨等）、沙梨系统（早三花、苍溪梨、晚三吉、菊水等）、西洋梨系统（巴梨、康德、茄梨、日面红、三季梨、考密斯等），均不具备耐贮藏的特点，一般不做长期贮藏。

二、贮藏条件

1. 温度　大多数品种贮藏的适宜温度为0℃±1℃。但是鸭梨等个别品种对低温比较敏感，采后若迅速降温至0℃贮藏，果实易发生黑心病。采用缓慢降温或称分段降温，可减轻黑心病发生。

2. 相对湿度　适宜梨贮藏的相对湿度为90%～95%。

3. 气体　低氧（3%～5%）几乎对所有品种都有抑制成熟衰老的作用。品种间对二氧化碳的适应性却差异甚大，除少数品种如巴梨、秋白梨、库尔勒香梨等可在较高二氧化碳（2%～5%）环境中贮藏外，大多数品种对二氧化碳比较敏感。

常见品种的适宜贮藏条件如表2-4所示。

表2-4　梨主要品种的贮藏特性、贮藏条件与贮藏期

品　　种	贮藏期（月）	贮藏温度（℃）	贮藏湿度（%）	备　　注
南国梨	1～3	0～2	90～95	
京白梨	3～5	0	85～90	
鸭梨	5～8	0～1	90～95	不宜气调贮藏
酥梨	3～5	0～5	90	
雪花梨	5～7	0～1	85～90	对二氧化碳敏感
秋白梨	6～9	0～2	85～90	可气调贮藏
库尔勒香梨	6～8	0～2	85～90	可气调贮藏
栖霞大香水梨	6～8	0～2	90	
巴梨	2～4	0	90～95	常温下不耐藏，可气调贮藏

三、贮藏方式

1. 常温库贮藏　梨同苹果一样，短期贮藏可采用棚窖贮藏、窑窖贮藏、通风库贮藏，在西北地区贮藏条件好的窑窖，晚熟梨可贮藏4～5个月。

（1）窑窖贮藏。可参见任务1苹果贮藏。

（2）通风贮藏库。这是一种采用通风换气方式，使库温稳定在果品适宜贮

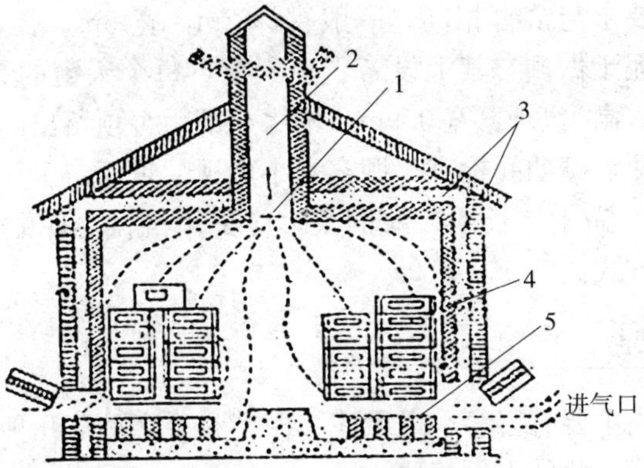

图 2-5　通风库示意

1. 活门　2. 排气通道　3. 隔热材料　4. 贮果筐　5. 地栅栏

藏范围的隔热贮藏库（图 2-5）。通风贮藏库宜建在地势高燥、地下水位低、通风良好的地方。通常分为地上式、地下式和半地下式三种。通风贮藏库的平面形状多为长方形，规格大小各地不一。我国现有的通风贮藏库，宽为 9～12m，长 30～40m，高 4m 以上。库房的走向，因各地的气候条件不同而不同。北方建库多南北走向，以减少冬季迎风面的面积，防止库温过低；南方建库多东西走向，以减少东晒、西晒面积，加大冬季迎风面的面积，尽量利用冬季冷风降低库温。建通风贮藏库时，最重要的是选择好库墙、库顶的绝热材料。绝热材料应易于取材，具有良好的隔热性能，价格低廉。对墙壁、库顶隔热能力的要求，一般约 7.6cm 厚的软木即可。通风贮藏库中导入冷空气，库内热量散失和气体交换排出，都要依靠通风设施来实现。一般情况下，容量低于 500t 的贮藏库，每 50t 果品所需要的通风面积，不应少于 $0.5m^2$。进气设施的安排，一般应在库房基部设置进气窗。地下式或半地下式通风库也可用中间的通道导入冷空气。排气筒多设置在库顶中央，并高出库顶 1m 以上。一般每隔5～6m，开设一个口径为（25～35cm）×（25～35cm）的排气筒。排气筒也可以设置在库房两侧，每 $100m^2$ 库房所需要的通风面积，不能少于 $0.6m^2$。

（3）棚窖。河北是利用棚窖（图 2-6）贮藏鸭梨。

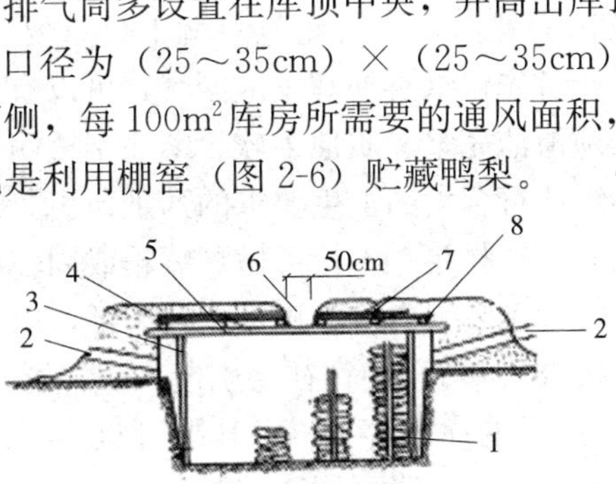

图 2-6　棚窖示意

1. 鸭梨　2. 气孔　3. 支柱　4. 覆土　5. 横梁　6. 天窗　7. 秸秆　8. 檩木

选址与建造要求与窑窖相同。一般窖深2m，宽5m，长15m左右，窖顶用椽木、秸秆、泥土做棚，其上设若干个天窗，每个天窗的大小为40～50cm见方，窖端设门，高1.8m，宽0.9m。堆垛上部距窖顶留出的空隙，码垛之间也要留通道，以便贮藏期间检查。棚窖大小可视贮量而定。

2. 冷库贮藏 做中、长期贮藏的梨，应采用机械冷库贮藏，这是我国当前贮藏梨的主要方式。

任务实施

梨的贮藏方式主要有窑窖、通风库、棚窖和冷库贮藏几种方式，窑窖贮藏的流程与苹果相同，此处不再赘述。

一、操作流程

贮藏工艺流程参照任务1苹果的贮藏工艺流程。

（1）采收期直接影响到梨的贮藏效果，采收过早过晚都影响采后的贮藏品质，采收期依据品种特性和采后用途不同来确定。对于直接上市鲜食或做短期贮藏的可在完熟期采收。用于长期贮藏和不耐贮的品种可适当早采，以增强耐贮性。梨的品种不同，采收期各异。由于梨的含水量较大，果肉嫩，易受到伤害发生腐烂，采收时应尽量防止机械损伤，如指甲伤、碰伤、擦伤、压伤等。果实有了伤口微生物很易侵入，并促进果实呼吸作用加强，导致耐贮性降低。采果时，选择晴天干燥的时间，按照从下到上、从外向内的原则，以免碰落其他果实造成损失。另外，要连果柄一起采下，因为不带果柄的果实商品价值低，也容易在梨梗处造成损伤影响贮藏。另外，为减少黑心病的出现，可适当早采，比正常提前5～8d采收。

（2）按照前文讲到的预处理技术进行必要的预处理。梨果肉鲜嫩多汁，在搬运、贮藏过程中极易受到伤害，因此包装就十分重要。内包装采用单果包纸、套塑料发泡网套或者先包纸再外套发泡网套，可以有效缓冲运输碰撞，减少机械损伤。包装纸须清洁完整、质地柔软、薄而半透明，具有吸潮及透气性能。另外，也可用油纸或符合食品卫生要求的药纸包裹。外包装可用筐（篓）、纸箱、塑料箱、木箱等。塑料箱、木箱可做贮藏箱或周转箱，纸箱可做贮藏箱和销售包装箱。筐（篓）包装须内衬牛皮纸或包装纸，以减少摩擦。鸭梨对低温极为敏感，采后直接放入0℃库中往往会引起大量黑心。应采用缓慢降温的方法，采后先入10～12℃的库中停留7～10d，以后每3d降1℃，掌握前期慢、后期快的原则，经35～45d降至0℃。

二、通风贮藏库贮藏

(1) 空窖的消毒和入贮与苹果窑窖贮藏相同，参见任务1。

(2) 可装箱、装筐堆码，也可散存沙藏。箱、筐堆码贮藏的，既要经济利用库容、又要便于通风和管理。散存沙藏，就是先在库内地面上铺一层厚5～10cm的干净细沙，适量喷水后，将果实一层一层地摆上去。摆果高度，一般以60～100cm为宜。另外，调节库内温度稳定在－1～1℃，相对湿度维持在85%～90%。散存沙藏的，要经常向果堆上喷洒清水，以免果实失水皱缩。贮藏过程的温湿度的管理与窑窖基本相同，按照贮藏的三个时期进行管理，可以参考苹果的窑窖贮藏。

三、棚窖贮藏

(1) 空窖的消毒和入贮，可参见苹果窑窖贮藏内容。

(2) 入窖初期，门窗要敞开，利用夜间低温通风换气。当窖温果温降到0℃时关闭门窗，并随气温下降，窖顶分次加厚覆土，最后达30cm左右。冬季最冷时注意防寒保温，有好天气，温度0℃时适当开窗通风，调整温湿度及气体条件。春季气温回升，利用夜间低温适当通风，延长梨的贮藏期。由于梨果含水分较多，贮藏中失水严重。因此，要注意增加湿度，可随时在地面上洒水或在库内喷雾。

四、机械冷藏

(1) 空窖的消毒和入贮与苹果机械冷藏相同，可参见任务1。

(2) 梨的贮藏条件与苹果基本相同，可以参考苹果的贮藏方式。但梨果肉嫩多汁，在贮存过程中，温度控制要比苹果严格，鸭梨冷藏时要注意采用缓慢降温措施，降温过快会引起黑心病，开始库温保持10～12℃，1周后每5～7d降1℃，以后改为每3d降1℃，在35～40d内将库温降到0℃，并保持0℃，不要低于－1℃，鸭梨可贮藏8个月，好果率达80%以上。鸭梨、雪花梨、长把梨等，库内二氧化碳高于2%时就会引起果心、果肉褐变。因此，加强库房通风换气，减少二氧化碳积累，减少乙烯等有害气体的积累，是梨果贮藏的技术关键。所以，要在贮藏的前期和后期每天通风换气1～2h，中期每2～3d换气1次，每次1～2h。也可将干石灰装入透气性较好的袋中，直接放入库内，石灰用量为果重的0.55%～1%，或置于风扇、冷风机下，通过库内气体的循环吸收二氧化碳。该法可减少通风换气带来的干耗。

任务3　葡萄贮藏技术

知识准备

一、贮藏特性

我国葡萄栽培品种很多，耐藏性差异较大。一般晚熟品种的耐贮性强于早、中熟品种，深色品种强于浅色品种。晚熟、极晚熟品种的果肉较硬脆，果皮较厚，果刷较长，浆果高糖、高酸，果梗木质化好，如龙眼、秋黑、意大利、巨峰等品种。低糖、低酸品种不能耐受二氧化硫型保鲜剂，贮藏难度加大，如红地球、红意大利、瑞比尔等。易干梗品种，如红地球、巨峰、无核白等，贮藏效果不佳。

二、贮藏条件

1. 温度　大多数葡萄品种的适宜贮温为－1～0℃。

2. 相对湿度　葡萄的相对湿度控制在90％～95％为宜。高相对湿度有利于葡萄保水、保绿，但却易引起霉菌滋生，导致果实腐烂；低湿可抑制霉菌，但易引起果皮皱缩、穗轴和果梗干枯。故采用低温、高湿、结合防腐剂处理，是葡萄贮运保鲜的主要措施。

3. 气体　以2％～5％氧气，3％～5％二氧化碳为最佳气体条件。

三、贮藏方式

1. 冷藏法　冷藏是现代化葡萄贮藏保鲜的主要方式，这种贮藏方法不受环境条件的限制，在全国各地均可采用。但在贮藏中应注意冷害与冻害。

2. 窖藏　适用于北方寒冷地区的晚熟品种贮藏，最好能够结合化学保鲜处理。

任务实施

1. 操作流程　确定采收期→采收→采后处理（挑选分级、预贮、防腐处理、包装、预冷等）→入窖（入窖前的清理、消毒，冷库需要在入贮前行制冷设备的检修）→贮藏期管理（温度、湿度、通风换气、检查）→出库（上市前处理）。

2. 冷库小包装贮藏　这种贮藏方法适于长时间、大规模的贮藏。

（1）用于长期贮藏的葡萄要选择0.5kg以上的葡萄果穗，剪去、青、干枯、有病虫、机械损伤的果粒。葡萄经过挑选后，直接装入箱内，箱内衬有0.04～0.08mm的聚乙烯或聚氯乙烯薄膜袋。葡萄销售习惯以箱为单位，因此箱规格、装量宜相对一致。习惯毛重5kg或10kg，并以包装越小获利越大。葡萄要及时运往预冷库，预冷2～3d，迅速降到并保持－1～0℃即可堆码冷藏。为保证冷库气体流通顺畅，须合理码垛，每箱四面间距为5cm，每垛宽度不超过2m，垛间距不低于20cm，离地不低于20cm，距顶不低于80cm，距墙不低于10cm，过道留宽不低于80cm。

（2）入贮之前库房要先经过消毒，可参见任务1苹果冷库贮藏的库房消毒部分。

（3）葡萄贮藏宜选择贮量为20～30t的微型节能冷库，中、大型冷库宜分块利用更利于保证果品品质和采收品质。调整冷库温为－1～0℃，严禁库温波动过大，库内的相对湿度应保持90％以上。

（4）葡萄在贮藏中，容易发生的主要问题是枯梗、掉粒和霉烂。当相对湿度较低时，果粒不易霉烂；但易失水皱缩，穗梗干枯，葡萄极易掉粒。而相对湿度太高，又容易引起真菌生长，造成腐烂。因此在维持较高相对湿度的同时，又要采用防腐措施，控制微生物生长，减少果实腐烂，二氧化硫对葡萄上的灰霉菌等有强烈的抑制作用。用硫处理，既可用二氧化硫直接熏蒸，也可用重亚硫酸盐缓慢释放二氧化硫进行处理，须根据具体条件试验采用。二氧化硫熏蒸，可将入冷库后箱装的葡萄堆码成垛，罩上塑料薄膜帐，以2～3g/m^3硫黄剂量，使之完全燃烧生成二氧化硫，熏20～30min，然后揭开薄膜帐通风。在熏后10～15d再熏1次，以后隔1～2个月1次，这样可在0℃左右的温度和90％以上的相对湿度中长期贮藏。也可将葡萄保鲜剂（主要成分是能够缓慢释放二氧化硫的物质，比如亚硫酸氢钠、亚硫酸氢钾或焦亚硫酸钠等，它们可以缓慢地释放出二氧化硫气体），按用量加放在包装箱内，用纸隔开不要直接与葡萄接触。

（5）冷库应定期通风换气，每隔3～5d检查不同品种、不同批次、不同质量、不同部位果品的贮藏情况，每天记录库房内不同部位温度计所标记的实际温度，并与冷库外机器上自控温度计进行比较和调整。如发现有冻害、霉变及保鲜剂漂白等异常现象，应及时出库销售。

3. 窑窖贮藏

（1）贮藏前窖消毒：地窖建筑与苹果窖相同，先把窖内清扫干净，在葡萄入窖的前3～5d，每立方米用硫黄20g熏蒸24h。

（2）将采下来的葡萄装入衬有3～4层纸的筐或箱内，放在阴凉处，自然降温，散去田间热。筐（箱）下要垫枕木或砖，以利通风散热，筐上要加苇席遮阴，等外界气温下降，出现霜冻后，将葡萄搬入窖内。最好能够采用冷库进行预冷。

（3）葡萄入窖后分层挂在铁丝上，挂时要一穗靠一穗，但不要挂得过分密挤，以免将果粒挤破，影响葡萄的耐贮性。入窖第一个月，外界温度较高，利用夜间低温通风换气，当窖温降至－1～0℃时，外界气温降至－6～－4℃时应立即用四层牛皮纸盖严进气口，以利防冻保温。一个月后到出窖，这段时间窖内的温度为－1～0℃，在这种条件下浆果的呼吸和水分蒸发急剧减弱，霉菌及酶活力受到抑制。这时应注意封闭所有通气口进行保温。相对湿度管理也是很重要的，当窖内相对湿度低于90％时，要及时进行地面喷水，大于95％时要进行通风或者用吸湿剂氧化钙或氯化钙吸湿。葡萄贮藏过程中的腐烂主要是由真菌引起的灰霉病、青霉病、褐腐病。现在采用的防腐措施主要是二氧化硫熏蒸处理：葡萄入窖后第一个月内，每隔10d熏一次。具体方法是按4g/m^{3}硫黄燃烧，封闭通气口60min。而后立即进行通风换气。当窖温控制在－1～0℃，每隔1个月燃烧1次，用量2.0g/m^3，每次熏30min。4月后，窖温开始回升，并且葡萄抵抗力下降，此时应每隔20～30d熏1次，每次熏4.0g/m^3，时间为60min。

任务4　桃贮藏技术

知识准备

一、贮藏特性

桃有些品种是在夏季高温季节成熟，它的可采成熟度和食用成熟度几乎同时达到；另外，果实柔软多汁、耐藏性差，一般不会做长期贮藏。但在中短期的贮藏中，品种间耐藏性差异很大，水蜜桃耐藏性最差，只能贮藏1周左右，而肥桃、冬桃、青州蜜桃等晚熟品种较耐贮藏，可以贮藏15～30d。

二、贮藏条件

1. 温度　一般适宜的贮藏温度为0～0.6℃。

2. 相对湿度　要求相对相对湿度为85％～90％。

3. 气体　在氧气含量1％，二氧化碳5％的环境中，桃果可以贮藏6周。

三、贮藏方式

1. 冷库贮藏　冷藏是桃、杏和李贮藏保鲜的主要方式，但在贮藏中应注意冷害与冻害。

2. 气调贮藏　合理的调控贮藏库的温度和气体组分，能够相对延长贮藏时间，是较好的一种贮藏方式。

任务实施

1. 操作流程　确定采收期→采收→采后处理（挑选分级、预贮、防腐处理、包装、预冷等）→入窖（入窖前的清理、消毒，冷库需要在入贮前行制冷设备的检修）→贮藏期管理（温度、湿度、通风换气、检查）→出库（上市前处理）。

（1）应根据果实的品种特性、用途、销售远近、运输工具和贮藏条件等综合因素来确定采收期。一般就地鲜销宜在八九成熟时采收，远地运输可于七八成熟时采收。硬桃、不溶质桃可适当晚采；而溶质桃，尤其是软溶质桃必须适当早采，以免运输造成损耗。

（2）一般品种应适时分次采收，采收时应“满把握”，均匀用力，稍稍扭转，顺果枝侧上方摘下。对果柄短、梗清深、果肩高的品种，摘取时不能扭转，而要“满把握”，顺枝向下拔取。采收顺序应从树顶由上而下由外向里采摘。采摘时动作要轻，对果实轻拿轻放。须特别注意的是，果实在采收时要带果柄，否则果柄脱落处容易引起腐败。所用的筐要浅，并用软质材料衬垫。尽量避免刺伤、捏伤、挤伤果实。采下的果实应迅速就地分级包装或运往分级包装场，桃的包装容器一般以装果5～10kg为宜也可用0.02～0.03mm厚的聚乙烯袋单果包装后再装箱（框）。防止受日光暴晒。

（3）桃子在采收后要马上预冷，将果浸入0.5～1℃的冷水中30～40min或用冷风冷却。贮藏之前用100mL/kg、46℃的苯来特溶液处理桃子5min，能有效地控制桃在贮藏期间和后熟期间的腐烂率，而对桃子无伤害。也可将桃果用0.2%～1.5%的氯化钙溶液浸泡2min或真空浸渗数分钟，沥干液体裸放于室内，对中、晚熟品种可提高耐贮性。还可用仲丁胺熏蒸，每升容积中需要仲丁胺0.05～0.1mL，使用时可将药液蘸在棉球上，再将棉球挂在库中、帐内或袋内。

2. 冷库贮藏　进库前应用甲醛或仲丁胺熏蒸剂熏蒸进行消毒（可参考苹果贮藏）。在其适宜的温度和气体条件下，桃可以贮藏3～4周或更长时间。然而，桃在低温下长期贮藏，风味会逐渐变淡，长期低温冷藏会使桃子产生冻害，果肉褐变，特别是桃移到高温环境中后熟时，果肉会变干、发绵、变软，果核周围的果肉明显褐变。在冷库内采用塑料薄膜小包装可延长贮期。桃子在贮藏中温度降到－1℃，即有受冷害的危害，在贮藏过程中间歇变温处理可避免或减轻冷害。

3. 气调贮藏

(1) 桃的气调贮藏温度为0℃，气体组成为1%二氧化碳，可贮藏6～9周，若每隔4周放在20℃条件下20d，还可延长贮藏期2～3倍。采用变温贮藏，桃在5℃中贮藏1～2周后，再转移到0℃中贮藏，好果率大大增加。

(2) 用0.025mm厚的聚乙烯薄膜装果，每袋5kg，装后扣紧袋口，在0～1℃条件下贮藏。在氧气浓度为1%～3%、二氧化碳浓度为5%的条件下可贮藏10周。

(3) 目前常用的贮藏方法是低温结合简易气调和防腐措施，将八九分成熟的桃，采后单果包纸装入内衬无毒聚氯乙烯薄膜袋或聚乙烯薄膜袋的纸箱或竹筐内，或不包纸直接装入上述袋中，立即进行预冷。果实降温后，在袋内加入一定量的仲丁胺熏蒸剂和乙烯吸收剂及二氧化碳脱除剂，将袋口扎紧，封箱，码垛，使库温保持0～2℃。大久保、白凤桃贮藏50～60d，好果率在95%以上，基本保持原有硬度和风味。

任务5　柿子贮藏技术

知识准备

一、贮藏特性

柿子的品种很多，果实的耐贮性因品种而有很大的差异，华北的主要品种磨盘柿，太行山南部地区的绵瓢柿，陕西、甘肃等地的干帽盔柿，陕西的火罐柿、鸡心黄柿，还有阳朔牛心柿、鬼脸青、元宵柿、绵丹柿等都是耐贮运的优良品种。

二、贮藏条件

1. 温度　以硬柿供食为目的的贮藏适宜温度为－1～0℃。

2. 相对湿度　相对湿度为85%～90%。

3. 气体　以氧气含量2%～5%，二氧化碳含量3%～8%为宜。

以软柿供食的柿果除在上述条件下贮藏外，还可在0℃以下自然低温冻藏，或于－20℃下人工速冻后在－10℃中贮藏。

三、贮藏方式

1. 自然低温冻藏　河北省保定柿子产区，采用自然低温冻藏磨盘柿。

2. 冷库冻藏　北京市果品公司将脱涩后的柿子放在－18℃的冷库中冻结贮藏，可以较长期地保存。

任务实施

一、操作流程

柿子贮藏的操作流程如下：确定采收期→采收→采后处理（挑选分级、预贮、脱涩、包装、预冷等）→入窖（入窖前的清理、消毒，冷库需要在入贮前行制冷设备的检修）→贮藏期管理（温度、湿度、通风换气、检查）→出库（上市前处理）。

（1）柿子采收期因气候和品种而异。同一地区同一品种因其用途、市场远近和供应情况不同采收期也不相同。甜柿在树上能自然脱涩成熟，采后即可食用。当地销售可以适当晚采，但远运外调就不必等其充分成熟，果皮转黄时即可采收，经过2～3d运输，果皮自然转红，肉质软化，上市时食用品质较好。若采收过早，果皮绿色，果肉风味较差，此时气温较高，从采收后达到冻结的时间较长，果肉易变软，腐烂率高。若采收过晚，果肉逐渐变软，在操作过程中容易造成机械伤害而腐烂。冻藏柿子一般在10月下旬，即“霜降”前后采收为宜。此时采收的柿子果皮黄色，果肉脆硬，果皮保护组织生长发育良好；气温已逐渐降低，收获后，可缩短柿子达到冻结所需要的时间，即缩短在高温期的存放时间。因此，可以防止果实冻结以前的腐烂及水分损耗，有利于保持果实的优良品质，减少腐烂损失。

（2）柿果采收时应自果梗近蒂部剪取，果梗越短越好，以免刺伤果实。采收时要做到轻拿轻放，避免造成机械伤害。柿果皮薄多汁，不耐挤压，包装时，应柿蒂对柿蒂，顶对顶，逐层排列整齐，以减少挤压震动和摩擦，每层果实之间用纸或树叶间隔衬垫，并注意通风。包装容量一般在15～20kg。未经脱涩的柿子较耐贮运，一般在销地脱涩后销售。脱涩后的柿子应在果肉尚未软化前迅速发运，以免造成损失。

二、自然低温冻藏

1. 冻藏场所　要求冻藏场所清洁并通风良好。选择背阴、通风良好的家庭院落或场地，清除污物，打扫干净，平整地面后准备冻藏。选择无病虫害和机械伤的果实。柿子于霜降前后采收，至冻结前，仍有一段高温过程，有伤的果实，在此期间极易变软或腐烂。因此，贮藏前应剔除有病虫害、机械伤及果肉变软的果实。

2. 地面冻藏 地面冻藏是将地面平整后挖沟，沟以南北长为宜，便于通风。沟深、宽各为20～30cm，沟间距离20cm左右，挖出的土沿沟长方向堆于沟的一侧。挖沟的数量及长度根据贮藏量而定。沟挖好后，将苇箔或秫秸平铺于沟面上，沟内土壤湿度较低时可向沟内适当灌水。将挑选好的柿子在苇箔上码放4～5层高，然后用席覆盖，或用茅草薄薄覆盖一层，以防止阳光直接照射。随气温逐渐降低，柿子在“大雪”节气前后冻结。柿子开始冻结时的气温为−2.7℃，气温降至−6～−3.7℃时果肉便可逐渐冻实。柿子冻实后，应加厚覆盖。覆盖材料可就地取材，一般是用茅草或柿叶，总覆盖厚度30～40cm，最后可用席或塑料薄膜覆盖，以便下雪后及时清除积雪。柿子冻结以后，不要经常揭开覆盖物或搬动，以防造成机械伤害。地面冻藏也可用土坯或砖作支垫物，即每隔30cm在地面上摆放土坯或砖数行，高10～20cm，然后将苇箔或秫秸箔铺放其上，以后做法及管理同上。支架冻藏是选择通风良好的背阴处，用木杆支成架，在架上铺一平面，呈床形。架高80～100cm，宽100cm左右，为了便于操作，床面不易过宽，长度视贮藏量而定。为了防止柿子滑落，可在床面四周用1～2道秫秸围拢，在架床平面上铺放秫秸箔，然后将柿子在架床上摆放4～5层，再用席或茅草等薄薄覆盖。待果实冻结后，须加厚覆盖，覆盖厚度为30～40cm。冻结后的管理工作与地面冻藏相同。这种方法有利于通风，降温速度快，在冻结贮藏过程中鼠害较少。

三、冷库冻藏

选择−18℃低温冷库，将脱涩后的柿子放在冷库中冻结贮藏1～2昼夜，使果肉细胞充分冻结，停止生命活动。然后在−10℃左右的条件下贮藏。这样可以较好地保持柿果的色泽和风味，并可以较长时期保持品质不坏，甚至可以做到周年供应。但从冷库中取出后必须及时销售，否则果肉迅速变软变褐。

四、柿子脱涩

属于涩柿的品种，在果实充分成长以后，仍具有强烈的收敛性涩味，不堪入口，必须经过脱涩处理才能食用。生产上常用的脱涩方法有以下几种：

1. 烟熏脱湿 将柿子连同包装放入密封烘房，点燃熏香（熏香用量按烘房大小和柿子数量多少而定）。烟熏时，保持室温20～25℃，密封36～48h，开房调节气体；再经2d即可出房销售。此法成本低廉，柿果色泽艳丽，肉质柔软，效果较好。

2. 混果脱涩 将柿子放入木桶或瓦缸内，每层混放苹果、梨、山楂、树叶等物。每50kg柿子应放入杂草和树叶1.5～5.0kg，放满后加以密封，经

4～6d即可脱涩软化。脱涩后的柿子风味浓厚。

3. 乙烯利脱涩 用40%浓度的乙烯利一份加水400份，配成水溶液，将柿子连筐浸蘸乙烯利，然后堆放整齐，用塑料薄膜或帐套遮盖密封36～48h，启封后在常温下经2～4d能自然脱涩。也可用0.1%的乙烯利溶液，喷布采收后的柿子，然后装筐或装箱，经2～3d运输，至销地即可脱涩。

4. 乙烯脱涩 将柿子连筐堆放在密闭烘房或塑料帐内，注入1∶1 000浓度的乙烯气体，在室温20～25℃，经36～48h开启，2～4d后即可脱涩。脱涩后果实色泽美观，质地优良，果肉变软。

5. 温水脱涩 将柿子放入缸或桶内，注入温水，淹没柿子，密封缸口，为了保持水温，有时还须加温，并进行搅拌。水温保持35～45℃。经36～48h即可脱涩。此法关键是控制水温，不宜过高或过低。水温过高，果皮易被烫伤变褐，果肉呈水渍状，涩味较浓，俗称“烫死”；水温过低，则脱涩缓慢。此法脱涩的柿子风味平淡，靠近果梗端的果肉易酸败。

6. 石灰水脱涩 每100kg柿子用生石灰5～7kg，加温水使石灰软化，再加水稀释成为浆液。稍凉后将柿子放入浆液中，加以搅拌，使浆液淹没柿子，经36～48h即可脱涩。如适当提高水温，可加速脱涩。

7. 二氧化碳脱涩 将柿子装入可以密封的塑料薄膜大帐内，大帐的一端设有抽气口，另一端设有充气口。先用真空泵将大帐内的空气抽出，从另一端充入钢瓶装二氧化碳气体，测定帐内气体成分，当帐内二氧化碳浓度达到40%～60%时，在室温条件下，经3～4d即可完成脱涩。此法脱涩后，果肉脆硬，较适合南方人的口味。

8. 乙炔脱涩 乙炔是一种比较有效的刺激剂，而且应用较方便。将涩柿放入催熟箱或催熟室中，箱的底部放两个容器，其中一个放入电石，其用量约为4g/m^3，另一个放入水，两者用纱布相连，使水和电石作用产生乙炔气体。在密闭条件下，控制温度18～25℃，相对湿度85%左右，经过4～5d即可脱涩。

任务6 枣贮藏技术

知识准备

一、贮藏特性

鲜枣耐贮性因品种不同差异很大，晚熟品种较早熟品种耐贮，抗裂果品种较耐贮，大型果通常不耐贮藏。研究表明，蛤蟆枣、襄汾圆枣、临汾团枣、冬枣、金丝小枣、西峰山小枣、圆铃枣、墩枣等较耐贮藏，屯屯枣、相枣等居中，骏枣、板枣、婆枣和斑枣等不耐贮藏。

二、贮藏条件

1. 温度 鲜枣适宜贮藏温度为0℃左右。

2. 相对湿度 适宜的相对湿度为95%。

3. 气体 氧气浓度为3%～5%，二氧化碳浓度低于2%的环境条件可明显抑制果实转红衰老，明显提高鲜枣好果率，延长贮期。

三、贮藏方式

目前，枣商业规模贮藏需冷藏或气调贮藏。

1. 冷库贮藏 使用能够自主调节温度的冷库进行贮藏。

2. 自发气调贮藏（MA） 又称简易气调或限气贮藏，是在相对密闭的环境中（如塑料薄膜袋、帐等密封方式），依靠贮藏产品自身的呼吸作用和塑料薄膜具有的一定程度的透气性，自发调节贮藏环境中的氧和二氧化碳浓度的一种气调贮藏方法。塑料薄膜封闭气调法，使用方便，成本较低，可设置在普通冷库内或常温贮藏库内，还可以在运输中使用，是气调贮藏中的一种简便形式。可用于果蔬封闭贮藏保鲜的薄膜种类很多，目前广泛应用的材料有低密度聚乙烯（LDPE）、高密度聚乙烯（HDPE）、聚氯乙烯（PVC）、聚丙烯（PP）、聚乙烯醇（PVA）等，它们与硅橡胶膜粘合可制成硅窗气调袋（帐）。

硅橡胶膜是一种热熟化胶膜，对各种气体有良好的透过性，并且对氧、二氧化碳的透过量不同，相同压力条件下，对氧气透过量比二氧化碳低，约为二氧化碳透过量的1/6。利用硅橡胶膜对氧、二氧化碳的良好透性和透比特性，实现相对稳定的气体组成，即通过果蔬的自身呼吸作用和硅橡胶膜的调气功能，排出呼吸作用产生的二氧化碳并补充所消耗的氧气，实现包装的渗透速度与果实呼吸速度相等，使包装袋内（或贮藏帐内）果蔬处于相对合理的低氧高二氧化碳的环境中，达到抑制果蔬贮藏过程中的呼吸作用，减少营养物质消耗，延缓衰老，提高保鲜效果，延长贮藏期的目的。硅橡胶膜无毒、无味，不会对贮藏物品造成污染，是可大力推广使用的低成本绿色气调保鲜材料。目前已在蒜薹、苹果、猕猴桃、香蕉、香菜、板栗、芒果贮藏中取得良好的贮藏效果，特别是在蒜薹贮藏中得到了广泛应用。

任务实施

1. 操作流程 选用耐贮品种→采前处理→无伤适时采收（白熟至半红）→

采后处理（防腐处理、选果、分级）→快速预冷→打孔小包装冷藏或气调贮藏→定期检查→包装→上市销售。

（1）枣的花期延续时间较长，即使是一株树上枣的成熟期亦参差不齐，因此要分期采摘。通过采期和成熟度的控制能有效地提高枣果的贮藏性，延长贮期。但采摘过早，果实含糖量低，风味差，影响品质；晚采含糖量高但贮期短。研究表明，贮藏的枣果，白熟至半红期采插为宜，采收成熟度对不耐贮品种贮藏寿命的影响较耐贮品种更为明显，不耐贮品种如郎枣、婆枣、哈密大枣等宜在白熟至初红时采摘。鲜枣果皮薄，肉质嫩脆，多汁，含糖量高，稍有伤口极易引起病菌浸染而腐烂，因此必须严把采收关，用于贮藏的枣果全部用手采摘，并注意保留果柄，轻拿轻放，要选果分级，挑出病果、虫果、裂果、无柄果、烂果、落地果和全红果，使好果率达到100%。枣果实采后易变软、腐烂，对枣果在采前采后进行药剂处理能提高果实的鲜果率，防止果实腐烂。为了提高鲜枣的耐贮性，在采前半个月对树冠及枣果喷洒0.2%氯化钙溶液，还可喷洒1 000倍的甲基硫菌灵或过碳酸钠，可防止霉菌感染。

（2）采收之后的鲜枣要及时预冷，要求在24h内将鲜枣的温度降至0℃，可以采用冷水浸泡、冷库预冷散发田间热和乙烯。

（3）鲜枣是一种很易失水的果品，采收后鲜枣应及时包装，用0.03～0.06mm厚的聚氯乙烯袋包装，由于冬枣对二氧化碳很敏感，二氧化碳浓度稍高，果实易酒软，所以不能采用普通的聚乙烯袋贮藏冬枣，在聚氯乙烯袋打孔后贮藏鲜枣具有良好的保湿效果。

（4）无论在气调库贮藏还是在普通冷库贮藏冬枣，采后用保鲜剂浸泡处理枣果，是一项降低腐烂率的行之有效的措施。实践证明，将选好的枣果用0.2%的氯化钙加300倍的甲基硫菌灵洗果3～5min，或用10kg清水1g乙酰水杨酸洗枣果、浸泡10min。能有效地控制果柄等处的软烂，起到推迟果实变软的作用。

2. 自发气调贮藏　选用0.07mm厚的聚乙烯薄膜，制成70cm×50cm的塑料袋，每袋装精选的鲜枣15kg，利用鲜枣的呼吸反应消除袋中的氧气，提高二氧化碳的浓度。装枣时注意轻倒轻放，不要碰破，装好后随即封口。封口可用绳子扎紧，也可用熨斗热合，以热合密闭包装的贮藏效果最好。鲜枣装袋后，贮放在窑窖或冷库中。塑料薄膜逐袋立放在离地60～70cm高的搁板上。每隔4～5袋，留出通风人行道。贮藏初期要注意散热，窖（库）温愈低愈好，不使鲜枣高温发酵。冬季气温降至0℃以后，枣子不会冻坏。贮藏过程中要防止鼠害。鲜枣贮藏的病害主要是高温、高氧引起的发酵、生霉。降低温度与氧的浓度，可抑制变质和腐败。很多实验表明，在3%～5%的氧气、二氧化碳低于2%环境条件可明显抑制果实转红衰老，明显提高鲜枣好果率，延长贮期。自发气调贮藏在我国西北地区可以采用。其他地区一般不适宜，因为自然条件下气温较高，致使枣果呼吸作用加强，密闭的塑料袋内二氧化碳浓度就会增高，而枣果不能忍受二氧化碳浓度>5%。

3. 冷库贮藏

（1）包装和码垛。冷库内贮藏鲜枣一般采取以下两种方式。一是采用多层货架贮藏，将枣果装入0.02～0.03mm厚的聚乙烯或聚氯乙烯膜袋中，在袋的中上部对称位打孔，孔径1.0cm，袋容量1kg时打两个孔，容量每增加1kg，多打两个孔，装好果后整齐地竖放在货架上，最好单层摆放，防止袋上的孔被果实堵死。二是采用塑料箱或木条箱贮藏，一般每箱装5～10kg枣，可在每箱中装几个小的打孔袋，也可每箱衬一个塑料袋，然后从箱的两侧在袋上进行穿孔，以1kg枣穿两个孔为宜。在气调库条件下，采用塑料箱直接盛放枣果，无须内衬塑料袋。装好果的箱应进行合理码垛，垛与垛之间，垛与墙壁和顶棚间均应留出适当的通风道。

（2）通过机械冷藏库的制冷系统，调节控温，使库内温度保持在0℃±0.5℃。在冷藏过程中，使冷藏库的温度波动尽可能小，保持库内各处的温度均匀，无过冷或过热的死角，防止局部产品受害。为便于了解库内的温度变化，在库内不同位置挂温度计，做好库内各部分温度的观察和记录工作。机械冷藏可通过在库内地面洒水加湿或在冷库顶棚装设超微喷头，直接对空气加湿，使环境湿度控制在90%～95%，小环境湿度控制通过保鲜袋包装解决。通过冷库日常管理中的库门启闭或者库内安装的通风装置（风扇）进行库内外气体交换。小环境气体控制通过在袋内放置二氧化碳吸收剂、乙烯吸收剂或定期开启保鲜袋来调节袋内气体成分。

任务7　山楂贮藏技术

知识准备

一、贮藏特性

山楂的品种、品系较多，栽培地域很广。我国大面积主栽的耐藏品种有山东省的大金星、红瓤绵、白瓤绵、敞口，辽宁省的辽红、西丰红、甜水，河北省的滦红、北红、青口、紫珍珠、朱砂红，河南省的豫北红等。一般高纬度较寒冷的北方地区所产山楂，往往比产于低纬度较温暖南方的山楂品种耐贮藏。山楂品种间的耐藏性具有很大差异，山东敞口山楂、红瓤绵山楂，以及河北燕瓤青山楂等品种耐贮藏，可贮藏至第二年3～4月。

二、贮藏条件

1. 温度 适宜温度为－2～0℃。

2. 相对湿度 相对湿度在90%～95%较适宜。

3. 气体 氧气浓度为7%～15%，二氧化碳浓度为5%～10%。

三、贮藏方式

1. 简易贮藏 是为调节果蔬供应期而采用的一类较小规模的贮藏方式，主要包括堆藏、沟藏（埋藏）、窖藏（见苹果贮藏）、通风库贮藏（见梨贮藏），它们都是利用当地自然低气温来维持所需的贮藏温度。这种方法简便，成本低，适合果农自产、自贮、自销的模式。

2. 冷库贮藏 见任务1苹果贮藏中的冷库贮藏。

3. 自发气调贮藏 一般都采用聚乙烯薄膜袋方式。这不仅部分控制了气体成分，降低了山楂的代谢与失水，同时也延缓了果实的衰老，保持山楂的品质，是一种简便易行的方法。在冷库贮藏条件下应用薄膜包装，贮藏效果较好。

任务实施

山楂的贮藏操作流程如下：选用耐贮品种→无伤适时采收→采后处理（选果、分级）→预冷→贮藏→定期检查→包装→上市销售。

（1）贮藏用山楂一般选用晚熟品种。其始熟期在每年的10月上、中旬，纬度高的地方会晚些。当果面变成红色，果面出现果粉或蜡质肘，即可进行采收。采收时应剔除伤、病、落果和不合格果实。

（2）贮前要预冷散去田间热，可以自然摊晾散热，将采摘的山楂先放在树下或阴凉处，摊放厚度在20～30cm，白天气温高时遮盖防晒，晚上温度低时打开通风，散热时间2～3d。如白天任由太阳直晒山楂果实，能造成不可逆转的日灼伤，被害果初成黄白色，后变褐色坏死斑块，贮藏过程中病部会腐烂，皮易剥离，果肉略带酒味。也可以采用人工预冷的方法，将采收后的山楂运往冷库开机预冷，梅花形码垛，时间24h，温度0℃，湿度85%，预冷与果品分级可同时进行。

（3）山楂冷藏时易失水，因此一定要有良好的包装。若采用塑料薄膜包装，则宜用0.04～0.06mm厚的聚乙烯薄膜，制成长100cm、宽75cm的袋子，每袋装25kg左右。装袋前山楂要经充分预冷降温，袋口不要扎得太紧，可维持二氧化碳5%，氧气3%～10%。

（4）沟藏。选择地势平坦干燥、不易积水、交通方便的地方挖贮藏沟。沟向以南北为宜。一般沟上宽 100～120cm，沟深 50～60cm，下宽为 70～80cm，沟长依贮量和地形而定，沿着长沟方向三边挖通风沟，沟地面两侧挖排水沟，避免雨水渗入。沟底要平整，铺 10～15cm 厚的细湿沙，摊平压实。然后把选好的山楂放在其上，每层厚为 40～50cm，堆顶呈屋脊状（图 2-7），以后逐渐下沉呈平顶形。在贮前，白天盖草帘，晚上揭开散热。后期主要是防冻，当地冻有两指深以上时，顶上要加盖干草、树叶等防寒，以后随气温下降逐渐加土，厚 30～40cm，沟内温度应保持在 0～2℃。沟的两侧要挖一小型排水沟防止雨水渗入沟内造成腐烂。春季升温后至 0℃，将不能再贮藏。

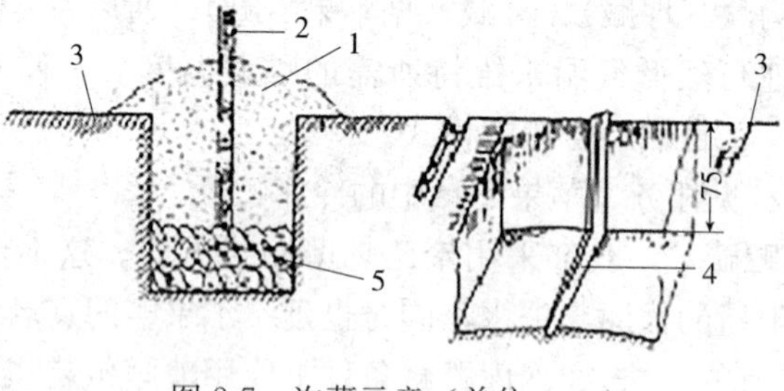

图 2-7　沟藏示意（单位：cm）

1. 覆土　2. 通风把　3. 排水沟　4. 通风沟　5. 贮藏山楂

（5）在进行山楂的大量贮藏时，可以采用通风库贮藏。入库是在天气转冷的 11 月中旬或下旬最好，经过预冷的山楂包装入库，包装容器是筐或篓或箱均可，每筐装 25～30kg，加盖密封。码垛时垛底和层间均有衬垫物，摆放成“品”字形或“井”字形，以利通风。库初期应注意及时尽快降温，白天封闭窖口，夜晚打开，尽量创造一个达到或接近 0℃的贮藏环境。贮藏中期要防止发生 0℃以下的冷冻害的发生，紧闭库门保持库内的温度，如果需要通风换气，应选择高温时段开启排气口进行换气，注意此时不能同时开启进排气口。如库内较干燥，应在地面上洒水增湿。山楂可存到第二年 4 月，如精心管理，其贮期还可延后。

（6）冷库贮藏是大规模长期贮藏山楂的好方法，一般适合山楂的加工企业和商业性的贮藏库。冷库贮藏要保持稳定适宜的贮藏温度，减少温度波动，具体的管理要素可参见任务 1 苹果冷库贮藏。冷库贮藏时还要注意消除乙烯，将挑选合格的山楂装入 75cm×45cm 的聚乙烯塑料袋中，每袋 15kg，果实预冷后扎袋口。袋内湿度保持在 90%左右，置于冷库中贮藏。库内温度保持 −2～0℃，当袋内氧低于 2%或二氧化碳高于 5%时开袋换气。冷库贮藏时还要注意消除乙烯，可以将浸泡过饱和高锰酸钾的砖块或建筑用的碎泡沫放入冷库。运用此法可贮藏半年。

（7）山楂的气调贮藏一般采用聚乙烯塑料薄膜小包装、硅窗袋和气调大帐等形式。塑料薄膜小包装可选用 0.04～0.06mm 厚的聚乙烯薄膜制成长 100cm、宽 60cm 的小包装，每袋 20kg，箱装或筐装。利用硅窗袋贮藏可选用 0.06～0.08mm 厚的聚乙烯薄膜制成长 100cm、宽 60cm 的包装袋，其上热和 FC-8 型布基硅橡胶薄膜，面积为 $90cm^2$，每袋 20～25kg。山楂采收后经过短期预贮降温，选择无病虫害和机械伤的果实装入硅窗袋，扎紧袋口即可。采用硅窗气调贮藏的方式既可在冷库中进行，又可在普通库窖中进行，方法简便，成本低，效果也好。气调大帐贮藏选用厚度为 0.1～0.2mm 的聚乙烯薄膜或无毒聚氯乙烯薄膜制成塑料大帐，采用自然降氧法，在冷库中贮藏也可获得较好的效果。

任务 8　核桃贮藏技术

知识准备

一、贮藏特性

核桃作为干果贮藏，耐藏性较好。核桃达到良好成熟，在贮藏期间确保核桃的含水量在安全线内，并保持休眠状态，就能达到良好的贮藏效果。

二、贮藏条件

核桃为一种营养价值很高的干果，较耐贮藏。贮藏场所必须冷凉、干燥和通风、背光。核桃以在 5℃左右的低温、较高浓度的二氧化碳、空气相对湿度在 50%～60%条件下普通冷藏效果较好。但要注意长期贮藏的核桃应经过干燥，含水量＜7%为宜。

三、贮藏方式

1. 常温干藏法　将晾干后的核桃装入布袋或麻袋中，放在通风、干燥的室内贮藏或者装入筐内，放在阴凉、干燥、通风、背光的地方贮藏。

2. 塑料薄膜包装贮藏法　核桃所含的油脂在低氧环境中不易被氧化而产生酸败或发酵现象，在常温下贮藏管理稍不善，就易造成酸败（俗称哈喇）或发酵现象，降低贮藏品质，采用塑料薄膜帐密封贮藏核桃，创造高二氧化碳气体的贮藏环境，效果甚佳。

3. 低温贮藏　长期贮藏核桃应在低温条件下贮藏。大量贮存可用麻袋包装，贮存在0～1℃的低温冷库中效果较好。

任务实施

1. 操作流程 无伤适时采收→采后处理（青皮处理、洗涤）→干燥→贮藏→定期检查→包装→上市销售。

（1）核桃品种不同，其成熟期存在较大差异，核桃成熟日期要用形态上的成熟标志来确定适宜的采收期。核桃形态成熟的标准是：青果皮由绿变黄、部分青果皮侧面开裂、青果皮易剥离。内部特征是：种仁饱满、幼胚成熟、子叶变硬、风味浓香。应避免早采，以免降低核桃品质和产量。确定合理采收顺序。不同品种分期采收，采完一个品种再采另一个品种。在树上采收顺序为从上向下、从内向外顺枝进行，以免损伤枝芽，影响下年产量。为了提高坚果外观品质，方便青皮处理，采用单个核桃手工采摘的方法，也可用带铁钩的竹竿或木杆顺枝钩取，避免损伤青皮。采收装袋时把青皮有无损伤的要分别装袋。

（2）果实采收后，在浓度为0.3%～0.5%乙烯利溶液中浸蘸约30s，按50cm的厚度堆放在阴凉处或室内。在温度30℃、相对湿度80%～95%的条件下，经5d左右，离皮率可达95%。乙烯利催熟时间长短和用药浓度与果实成熟度有关。果实成熟度高，用药浓度低，催熟时间也短。催熟后的青皮果采用人工剥除青皮或用脱皮机脱除青皮的方法。将脱皮的坚果装筐，用竹扫帚搅洗，采用流水式冲洗更好。薄皮核桃不进行漂白处理。洗好的坚果可在竹箔上或者高粱秸上阴半天，等大部分水分蒸发后再摊放在芦席或竹箔上晾晒，且不可在阳光下暴晒，以免核壳破裂，核仁变质。坚果摊放厚度不应超过两层，以免种仁背光面变为黄色。注意避免晚上淋雨和受潮。一般晒5～7d即可。判断干燥的标准是：坚果碰敲声音脆响，横隔膜易于用手搓碎，种仁皮色由乳白色变为淡黄褐色，种仁含水量不超过8%。另外，利用低温烘干机烘干脱除青皮后的坚果，是核桃规模化生产的主要烘干方法。

2. 常温干藏法 适合于少量短期贮藏。将晾干后的核桃装入布袋或麻袋中，放在通风、干燥的室内贮藏或者装入筐内，放在阴凉、干燥、通风、背光的地方贮藏。为避免潮湿，最好在堆下垫上隔离材料，且能防止鼠害。核桃在贮藏期间易发生霉变、受虫害和油脂氧化。因此，在贮藏时应注意保持环境低温干燥、低氧高二氧化碳的气体成分。

3. 塑料薄膜包装贮藏法 将适时采收并处理后的核桃装袋后堆成垛，贮放在低温场所用塑料薄膜大帐罩起来，把二氧化碳气体充入帐内（充氮也可），以降低氧气浓度。贮藏初期二氧化碳的含量可相当高，达到50%，以后保持20%左右，氧气在2%左右，即可防止种仁油脂氧化变质，避免风味哈败使品质下降，又能起到防止果品发霉和生虫的作用。使用塑料帐密封贮藏应在温度低、干燥季节进行，以便保持帐内低湿度。

4. 低温贮藏　冷藏时控制－2～0℃的贮藏温度，用麻袋或木箱包装，分层摆放于库内，控制60%～70%的相对湿度，可以进行两年以上的长期贮藏。冷藏时的湿度很重要，湿度过高核桃易生霉腐烂，湿度过低则使核桃仁变干变硬，降低品质。

能力转化

一、简述题

1. 简述窑窖贮藏的管理技术要点。
2. 简述冷库贮藏的技术要点。
3. 说出至少3种库房消毒的方法。

二、操作题

1. 调查了解当地主要水果的贮藏特性与贮藏方法。
2. 根据当地主要水果的贮藏特性设计一种贮藏方法。

项目二　蔬菜贮藏技术

我国蔬菜种类繁多，近年来全国蔬菜产量增加较大，已位居世界第一。蔬菜是人们生活中必不可少的食物之一，蔬菜不仅可提供人体所必需的多种维生素和矿物质，还含有多种多样对人体健康有效的化学成分，如类胡萝卜素、二丙烯化合物、甲基硫化合物等。随着人们生活水平的不断提高，国内外对蔬菜的需求量与日俱增。由于蔬菜生产季节性强、鲜嫩易腐、收获后供应期短，因此蔬菜产后保鲜贮藏技术尤为重要，应受到高度重视。蔬菜植物的产品器官有根、茎、叶、花、果五类，习惯上也将蔬菜产品分成5种，即根菜类、茎菜类、叶菜类、花菜类和果菜类。

任务1　叶菜贮藏技术

知识准备

叶菜类主要包括大白菜、甘蓝、芹菜、菠菜等，它们以叶片、叶球或叶柄作为食用器官，是秋冬季的主要蔬菜。由于大部分叶菜含水量高，代谢快，不耐贮藏。白菜、结球甘蓝由叶片结成，能够做长期贮藏，芹菜、菠菜具有一定的耐寒性可以通过冻藏达到长期贮藏的目的。本任务重点介绍大白菜、结球甘蓝、芹菜的贮藏及管理。

一、贮藏特性

1. 大白菜贮藏特性 不同品种的贮藏性不同。中、晚熟品种比早熟种贮藏性强；青帮类型比白帮类型耐贮，青白帮类型介于其间。青帮河头、大青帮、通园一号等适于久贮，而白帮河头一般只能贮到春节。各地在大白菜栽培上，应将各品种配合种植，既要有适于久贮品种，又要有品质好、熟期早的品种做加工及临时需要。大白菜的贮藏性能同叶球的成熟度有关，“心口”过紧（充分成熟）不利于贮藏，以“八成心”为好，能增长贮期，减少损耗。

2. 结球甘蓝贮藏特性 甘蓝具有适应性广、耐寒的特点，由于甘蓝的外叶坚韧，富有蜡质，叶片能忍受较低的温度，轻微的冻害（不冻心），在适宜的温度下经解冻可慢慢缓过来，因此较易贮藏运输。我国产销数量最多的是白球甘蓝，根据结球的形状大致可分为平头、尖头和圆头3种，其中圆头形甘蓝和平头形甘蓝结球紧实，品质佳，产量高，耐贮藏。

3. 芹菜贮藏特性 芹菜的耐寒性仅次于菠菜，可以在－2～－1℃条件下微冻贮藏。芹菜分为实心和空心两类。贮藏多选择实心色绿的品种，这种品种耐寒力较强，较耐挤压，经过贮藏后仍能较好地保持脆嫩的品质。空心类型品种贮藏后叶柄变糠，纤维增多，质地粗糙。

二、贮藏条件

1. 大白菜贮藏条件

（1）温度。以－1～1℃为宜。

（2）相对湿度。以85%～90%为宜。

（3）气体。较高浓度的二氧化碳有利于长期贮藏。

2. 结球甘蓝贮藏条件 低温是甘蓝贮藏的必要条件，其贮藏适温为0～1℃，在相对湿度85%～95%的条件下可保存4～5个月。

3. 芹菜贮藏条件 适宜贮藏温度为0℃，相对湿度98%～100%，最适贮藏期为2～3个月。一般含水量93.7%，冰点为－0.5℃。

三、贮藏方式

1. 大白菜贮藏方式

（1）堆藏。长江中下游和华北南部冬季不太寒冷的地方多采用堆藏的方法贮藏大白菜。即将大白菜直接堆码在地面或浅坑中，或在遮阳棚下，表面用土壤、薄膜、秸秆、草席等覆盖，以防止风吹、日晒、雨淋的一种短期贮藏方式。

（2）棚窖贮藏。在华北、东北和西北一带主要利用棚窖贮藏大白菜。棚窖的修建方法为：在地面挖一长方形的窖身，窖顶用木料、秸秆和泥土做棚盖。根据入土深浅可分为地下式和半地下式两种类型。华北及东北南部温度较高或地下水位较高的地区，多采用半地下式棚窖，一般窖地下深度为1～1.5m，地上堆土墙高1～1.5m，窖宽3～5m，长以不超过50m为宜。窖顶由支柱撑起，用木材、竹竿等做横梁，上面铺成捆的秸秆，再覆土踩实，窖顶的覆盖总厚度约为0.4m。顶上开天窗用以排气，侧墙上开进气孔。排气和进气窗口的面积应根据当地的气候而定。窖的出入口常设在窖顶，贮量大的棚窖也可在南侧或东侧开设窖门，有坡道与窖顶相连。棚窖一般每年拆建一次，但窖顶如果用灰渣、水泥、油毡等做防水层，窖的四周并设有排水沟时，也可连续使用2～3年。可以参见项目一任务2梨的贮藏中对棚窖的介绍。

2. 结球甘蓝贮藏方式

（1）窑窖贮藏。该贮藏方法在前文已有叙述，可参见单元二项目一任务1中苹果窖藏的相关内容。

（2）冷库贮藏。在单元二项目一任务1中关于苹果冷库贮藏中已有相关介绍，在此不再赘述。

3. 芹菜贮藏方式　芹菜较耐寒，因此适于微冻藏和假植贮藏。

（1）假植贮藏。把蔬菜连根收获，密集假植在沟或窖内，使其处在极其微弱的生长状态，但仍能保持正常新陈代谢的一种贮藏方式。这种贮藏方法，蔬菜虽然生长受到抑制，处于非常微弱的状态，但由于其根系仍与土壤接触，从土壤中吸收一些养料和水分，维持或接近其生长期间的新陈代谢作用，能长期保持其新鲜品质。

（2）冻藏。在入冬上冻时将收获的果蔬放在背阴的浅沟内，稍加覆盖，利用自然低气温使果蔬在整个贮藏期间始终处于轻微冻结状态的一种贮藏方式。

任务实施

叶菜贮藏基本的操作流程为：适时采收→适当晾晒（大白菜、结球甘蓝）→摘除老、黄、伤、病叶→预冷处理→入贮。

下面分别以大白菜、结球甘蓝和芹菜的贮藏为例进行详细介绍。

一、大白菜贮藏

1. 确定适当的采收期　东北、内蒙古地区约在“霜降”前后，华北地区在“立冬”到“小雪”之间，江淮地区更晚。

2. 晾晒 许多地区在大白菜砍倒后，要在田间晾晒2～3d，达到菜棵直立外叶垂而不折的程度，大白菜晾晒失水超过10%时贮藏中叶片易黄化衰老，自然损耗增大，一般晾晒失水在5%左右较为适宜，贮期叶片鲜绿，损耗小，贮期长。

3. 摘除黄帮烂叶 经晾晒的大白菜运至窖旁，摘除黄帮烂叶，进行分级挑选，修整后气温尚高，撕掉外围叶耳及过头叶，清除带有病、虫叶株。经修整后，如气温偏高，可在窖旁或冷库的背阴处码成长方形或圆形垛进行预贮，并根据气候情况进行适当倒垛。预贮期间既要防热，又要防雨、防冻。待气温降到1～2℃时方可入贮。在大白菜不受冻的前提下，入窖时间越晚越好，入窖太早，会因窖温过高引起腐烂和脱帮。

4. 药物处理 针对大白菜在贮藏中易脱帮腐烂可辅以药物处理。在收菜前2～7d用每千克25～50mg的2,4-D水溶液进行田间喷洒，或在收后于窖外或窖内喷洒或浸根，有明显抑制脱帮的效果。

5. 贮藏方式

（1）堆藏。将大白菜堆成两列，菜根朝里，菜叶朝外，在逐层向上堆叠时要逐渐缩小距离，最后使两列合在一起，菜堆高约1.5m，如图2-8所示。堆垛可以在室内或室外，贮藏期间可以根据天气情况做好通风、防寒、防雨雪工作。利用覆盖苇席的厚度来调整堆垛内的温度及相对湿度。

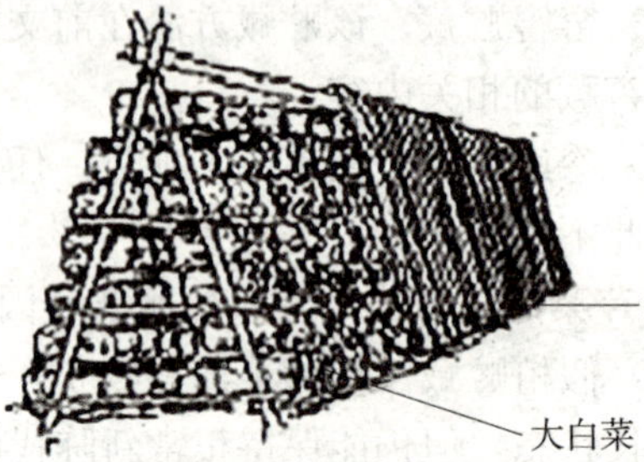

图2-8　大白菜堆藏示意

（2）棚窖贮藏。首先采用码垛入贮的方式，从窖的一侧离墙约20cm处开始，一层菜根向里一层菜根向外互相颠倒着堆码成单列，高度以不超过1.5m为宜。最底层的白菜与窖地间用秫秆隔开。第一列码好后，留30cm左右的空间，再码第二列，逐列码放，到距窖的另一侧约1m处为止，以便于管理和倒菜之用。码菜时应在防止倒滑及加强稳定性上予以注意。在白菜贮藏量大的情况下，翻倒菜需花费大量人工和时间，有条件的地方，可以将白菜装筐堆码，以减少翻倒次数。如在窖内搭成架子，每个架格存放2～3层菜，从菜进窖到出窖可不翻菜。用架贮菜，也可不必晾晒菜或只轻微晾晒菜。上架贮藏还可以充分利用窖内空间。菜窖的管理主要包括放风和倒菜两项。放风是指引入外界的冷凉干燥空气，排出窖内的湿热空气。倒菜是指变换菜的位置，将上层的菜倒到下层，下层的菜倒到上层。倒菜和放风这两项措施都是为了调节窖内和菜体的温湿度，并排除乙烯等不良空气。倒菜时应将腐烂帮叶撕去，并剔除不适于贮藏的白菜。这两项工作应根据季节和天气变化灵活掌握，大体可分为以下三阶段。第一阶段属于贮藏初期，一般从入窖到大雪或冬至的一段时间，这一阶段库温、菜温和环境温度都较高，白菜因温度高而易出现脱帮腐烂现象，这一阶段的管理重点是快速降低窖内温度。可以利用通风设备选择每天中外界温度最低的时间段进行通风排热，同时应勤倒菜，一般隔 3～4d 倒菜 1 次以降低菜体的温度、相对湿度。第二阶段是贮藏中期，大致从大雪或冬至到翌年的立春前后，这一阶段恰是寒冬季节，菜体进入休眠状态，容易发生冻害，这一阶段的管理重点是防止冷冻害的发生。要逐步封闭门窗和通风口，减少倒菜的次数，延长倒菜的时间，倒菜周期可延长为 10～15d 1 次，并剔除腐烂菜叶。需要通风换气时选择每天气温最高时利用通风孔单向进气进行换气。最后阶段是贮藏后期，大致是从立春至贮藏结束，这一阶段正是气温回升的季节，窖内温度会随外界气温的不稳定发生波动，这一阶段的管理重点是保持窖内稳定的温度。如发生不利于贮藏的情况及时进行出库处理。

贮藏大白菜还可以选择窑窖贮藏，管理的技术要点与棚窖相同，其他种类的蔬菜若采用棚窖或窑窖贮藏在管理上也大致相同，只是对温度和相对湿度要求不同。近些年来，常采用在窑窖库中安装通风设施、制冷设施等进行自主调控温度，达到了较好的贮藏效果。

二、结球甘蓝贮藏

1. 适时采收 采收前 2～3d 应停止灌水。一般早熟品种为提早上市，当叶球有一定大小，达到适当的充实程度即可开始分期采收。而中、晚熟品种必须等叶球充分长大，达到最紧实时再采收。采时要留 1～2 轮外叶，采后剔除病、虫株或伤株，装筐放置凉棚下待贮。挑选出的结球甘蓝不够干燥时应适当晾晒 36～48h，使外叶失去脆性而不宜受到机械损伤。同时还可使刀口得到愈合。

2. 预冷处理 用于贮藏的甘蓝，收获后要尽快运到贮藏地进行预冷，预冷方法可采用冷库预冷和差压预冷。

（1）冷库预冷。预冷库温度宜在 0℃，预冷时将菜筐顺着冷风的流向堆码成排，排与排之间留出 20～30cm 缝隙（风道），靠墙一排要离墙 15cm 左右，码垛高度要低于风机高度。预冷时间 1～2d。

（2）差压预冷。预冷库温度设在 0℃，预冷时按差压预冷机的要求进行堆码和预冷操作。预冷时间为 40～50min。

3. 包装 预冷后的甘蓝为防止贮藏失水，最好进行塑料薄膜包装，可采取单球包装，用0.01～0.02mm厚的塑料薄膜单球包装后码在菜筐中，也可以套筐包装，将0.03mm厚的塑料薄膜袋套在菜筐上，将袋口折叠。还可以搭帐贮藏，用0.03mm厚的塑料薄膜罩在菜垛上。

4. 窖窖贮藏 结球甘蓝的窖窖贮藏流程与大白菜的棚窖贮藏大体相同，可以参考操作，注意调节适宜的温湿度。

5. 冷库贮藏 甘蓝最适合冷库贮藏，在冷库中一般采取架存，即将装筐的甘蓝码放在层层菜架上，筐间适当留空隙，然后再覆盖塑料薄膜，也可将甘蓝装入厚为0.03～0.05mm聚乙烯膜袋中再码入菜架上。通过人工调控贮藏环境条件至适宜的温湿度，确保库内的贮藏环境不随季节变化而波动，贮藏2～3个月效果比其他方式都好。结球甘蓝贮藏期间易感染软腐病，可在基部切口处涂抹消石灰，有一定的预防效果。

三、芹菜贮藏

贮藏用的芹菜最忌霜冻，遭霜后芹菜叶子变黑，耐贮性大大降低，所以要在霜冻之前收获芹菜。收获时要连根铲下，收割要深割，留根6cm左右。割后去掉黄叶、病叶，捆成3kg左右的小捆，每捆最好捆上、中、下三道，以便于贮藏中存取。芹菜的贮藏一般有冻藏和假植贮藏两种。

1. 冻藏 一般在冬季不太寒冷地区会采用冻藏贮藏芹菜的方式。选择地势高燥处，建荫障，在荫障北侧修建地上冻藏窖，窖的四周用夹板填土打实，厚50～70m，高约100cm冻藏，窖底挖若干通风沟，通风沟的一端与南墙正中上下方向的通风筒相通，另一端穿过窖底在北墙外向上开口，形成一个完整的通风系统。

窖底铺秫秸和细土，把芹菜捆成5～10kg的捆，根向下斜放窖内，装满后在芹菜上覆一层细土，使叶子似露未露，初期白天盖草帘，夜间揭开，以防窖内温度过高。随着天气转冷，分次覆土，总厚度为20～30cm（图2-9）。严冬季节堵塞北边的通风口，使窖内温度保持在－1～2℃使菜叶上呈现白霜，叶柄及根系不受冻害为宜。

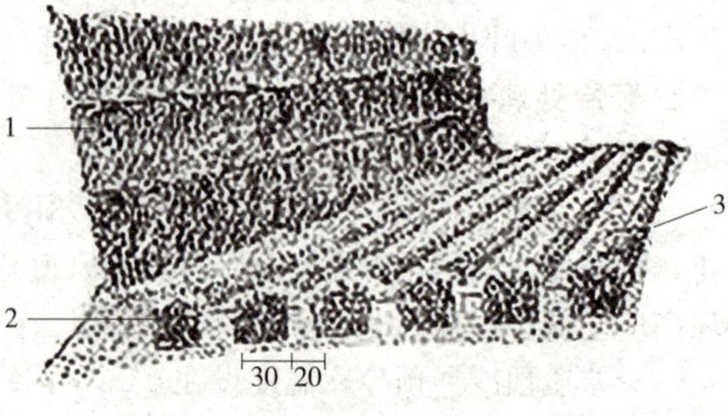

图2-9 芹菜冻藏示意（单位：cm）
1. 荫障 2. 芹菜 3. 覆土

芹菜上市前须缓菜。如在沟内缓，需在上市前3～5d增加覆盖物，提高沟温，以促进缓菜，有条件的最好将芹菜移到温室内或空屋子里，盖上麻袋、草苫子等覆盖物，慢慢缓菜。切不可骤缓。缓好的芹菜要轻拿轻放，摘除黄叶、烂叶，捆好上市，缓好菜后不能再冻，上市时捆好，也要注意防寒保温，切不可再受冻。

2. 假植贮藏　立冬前后将连根收获的芹菜贮藏假植于阳畦、贮藏沟、棚窖等设施中。一般假植沟宽 1.5m，长度不限。沟的深度依芹菜的高度而定，以利保温防冻和通风，一般沟深 1～1.2m，2/3 在地下，1/3 在地上。假植芹菜最好选择实心芹菜，按行距 3～5cm 栽植，栽好后立即灌水，灌水要慢，均匀。在沟顶覆盖草席或秸秆，随着气温的变化调节覆盖物的厚度，使得整个假植贮藏期间贮藏环境冷凉而不致受冻，必要时在假植沟的北面立风障保护，一般使沟内温度维持在－2～0℃。春季温度回升应结束贮藏。

任务2　根菜贮藏技术

知识准备

凡是以肥大的肉质直根为产品的蔬菜都属于根菜类。在我国栽培较多的有萝卜、胡萝卜、芜菁、根用芥菜，尤以萝卜和胡萝卜栽培最为普遍，本任务即以此为例进行介绍。

一、贮藏特性

萝卜和胡萝卜种类很多，一般晚熟品种比早熟品种耐贮藏，以秋播的皮厚、质脆、含糖和水分多的晚熟种为好；青皮种比白皮种和红皮种耐贮藏，如北京心里美、青皮脆；胡萝卜中皮色鲜艳、根细小、根茎小、心柱细的耐贮藏，如鞭杆红、小金顶红等品种。

二、贮藏条件

据试验，萝卜在高温高湿中的损耗率为 2.01%；高温中湿中的损耗率为 9.09%；低温中湿中的损耗率为 5.30%；低温低湿中损耗率为 12.17%。可见增高相对湿度对减少萝卜贮藏损耗十分重要。如果相对湿度相同，则温度越高损耗越大。因为直根类蔬菜皮层虽然很厚，但缺乏蜡质、角质等表面保护层，保水力弱，容易蒸腾失水。所以，根菜类贮藏必须保持低温、高湿的条件，但根菜类又不能受冻，故温度不能低于 0℃。通常贮藏温度为 0～3℃，相对湿度约 95%。由于萝卜和胡萝卜是在土壤中生长的，能耐受较高的二氧化碳浓度，达到 8%也无碍，因此适宜密闭贮藏。

三、贮藏方式

萝卜的贮藏环境尽可能地接近生长环境，能够达到良好的贮藏效果，如沟藏、窖藏。

任务实施

萝卜和胡萝卜贮藏中要注意以下几点：

(1) 操作流程。适时采收→挑选→短期预贮（沟藏）→入贮。

(2) 适时采收对根菜的贮藏很重要。收获过早，因土温、气温尚高，不利于窖藏。另外，肉质根糖分积累欠佳，皮层未长结实也不利贮藏；收获过晚，则直根生育期过长，贮藏中容易糖心；另外采收过晚还可能使其在田间受冻，贮藏受冻的直根常会造成大量腐烂。在华北地区，萝卜大致在立秋前后播种，霜降前收获。胡萝卜生长期较长，一般比萝卜播种稍早而收获稍晚，各地应根据当年的具体条件灵活掌握。

(3) 采后随即拧去缨叶，就地堆积成小堆，覆盖菜叶，防止风吹日晒和夜间受冻。最好当即下窖贮藏。如外温尚高，可在窖旁或田间进行短期预贮，堆积在地面或浅坑中，上覆薄土，设通风道以便通风散热，待地面开始结冻时下窖。

(4) 入贮时要剔除生病虫或有机械损伤的直根，受伤的根在贮藏中容易变黑霉烂。有些地区在入贮时要削去茎盘，防止萌芽，但这种处理会造成大伤口，易感病菌和蒸发水分，并因刺激呼吸而增加养分消耗，反而容易糠心；只拧缨而不削顶，又易萌芽，也会促进糠心。因此，有的地区改用只刮去生长点而不削顶的办法，或在下窖时只去缨，到贮藏后期窖温回升时再削顶。直根类贮藏时是否削顶或何时削顶，要根据茎盘的大小、地区条件、贮藏方法等综合考虑其得失而定。例如，采用潮湿土层埋藏法，就必须削去茎盘，以防萌芽；留种萝卜不能削顶或刮芽。现在利用辐照技术，用 1.29～2.58C/kg γ 射线照射萝卜、胡萝卜，有明显抑制发芽的效果。贮品在沟内堆积厚度一般不超过 0.5m，以免底层产品受热。

(5) 沟藏法操作简便、经济，且能满足直根类对贮藏条件的要求，是当前最主要的贮藏方式。选择地势高燥、土质黏重的地方挖沟。一般东西向延长，将挖出的土堆在南侧起遮阳的作用，在沟的底部及南北两侧挖通风沟使之贯通。一般沟深 0.8～1.5m，宽 1～1.2m，长度可以根据贮藏量决定，一般不超过 30m。将经过挑选的萝卜、胡萝卜堆放在沟内，一层萝卜或胡萝卜一层稀细土，有利于保持湿润并提高贮品周围的二氧化碳浓度，堆积厚度一般不超过

0.5m，以免底层产品伤热，最后在堆层表面盖一层土，如果土太干，应先浇水，如果土太湿，应先晾晒再进行覆盖。以后随气温的下降分次覆土，最后与地面齐平。一周后浇水1次，浇水前应先将覆土平整踩实。为起到通风换气的作用，放萝卜或胡萝卜时可用秸秆插入沟底，四周堆放萝卜或胡萝卜。入贮前期与通风沟一起起到通风降温的作用，随着气温的下降将通风沟和裸露的秸秆逐步覆盖，防止发生冻害。

（6）窖藏也是北方各地常用的贮藏萝卜或胡萝卜的方法，贮藏量大，管理方便。一般先在田间或窖旁进行沟藏至稳定，待冬季到来再入窖。产品在窖内摆放有码垛和散堆两种，为了防止萝卜或胡萝卜糠心，窖底要铺8～10cm细沙，然后，一层萝卜或胡萝卜一层细沙交替进行。萝卜堆高1.2～1.5m，胡萝卜堆高0.8～1.0m。堆不能过高，否则因堆内温度高易腐烂，堆与堆或垛与垛之间要留出一定的空隙，以利于散热和通风。为了增进通风散热效果，可每隔1.5～2.0m设一通风塔。贮藏中一般不倒垛，立春后，视情况检查、倒垛，除去病腐产品。萝卜类不抗寒，入窖时间应在大白菜之前，以防霜冻。在贮藏期间，尽量确保冷凉湿润的环境，可以根据前面讲过的大白菜棚窖贮藏管理方法进行温湿度调整，在贮藏期间控制窖内温度为1～2℃，相对湿度90%～95%，湿度不够时可以采用在地面洒水、挂湿草帘或棉帘子的办法增加湿度。

近年来，有的地区采用了薄膜半封闭的方法贮藏萝卜或胡萝卜。先在窖内将萝卜或胡萝卜堆成宽1.0～1.2m、高1.2～1.5m、长4～5m的长方形堆，到初春萌芽前，用薄膜帐子扣上，堆底部不铺薄膜，故称半封闭，适当降氧、积二氧化碳、保湿，可贮至第二年6～7月份，保鲜效果良好。尤其是胡萝卜，皮色鲜艳、质地清脆。贮藏期间，可定期揭帐通风换气，必要时进行检查挑选，除去感病个体。

任务3　茎菜贮藏技术

知识准备

一、贮藏特性

1. 马铃薯贮藏特性　马铃薯的食用部分是肥大的块茎，收获后有明显的生理休眠期。马铃薯的休眠期一般在2～4个月。休眠期的长短同品种、成熟度、气候、栽培条件等多种因素有关。早熟种或在寒冷地区栽培秋作的马铃薯休眠期长，对贮藏有利，贮藏多选择这样的品种。

2. 洋葱贮藏特性　洋葱为二年生蔬菜，具有明显的生理休眠期（1.5～

2.5个月），洋葱品种间的耐贮性差异很大，按皮色可分为黄色、红（紫）色、白色3种，形状可分为扁球和凸球状。经比较耐贮性认为：黄皮耐贮性最强，扁球状比凸球状的品种耐贮藏。

二、贮藏条件

1. 马铃薯贮藏条件

（1）贮藏温度影响休眠期长短，适宜温度为3～5℃。专供加工煎制薯片或油炸薯条的晚熟马铃薯，应贮藏于10～13℃的条件下。

（2）适宜的相对湿度为80%～85%，晚熟种应为90%。如果湿度过高，会缩短休眠期、增加腐烂；湿度过低会因失水而增加损耗。

（3）光能促使马铃薯萌芽，薯块经照光后或萌芽时茄碱苷急剧增高，能引起不同程度的中毒，贮藏必须避免光照。

2. 洋葱贮藏条件

（1）适宜的贮藏温度为0～3℃。

（2）贮藏的适宜相对湿度为65%～70%。洋葱贮藏喜干不喜湿，湿度过高会使洋葱生根，并且使腐烂加重。

三、贮藏方式

1. 马铃薯贮藏方式

（1）山西和西北地区土质较黏重，多采用井窖窖藏法。每窖室可贮藏3 000kg。井窖是一种深入地下的封闭的贮藏设施，主要受土温的影响，外界气温影响小，具有很好的保温性能。它建造投资少，规模小，坚固耐用，一次建成可连续使用多年。选择地下水位底、土质黏重坚实的地方，如西北黄土高原可以建造井窖。井窖的窖身深入地下，在选好的地块向下挖成直径约100cm的井筒，深度一般为300～400cm，再从井底向周围挖一个或多个底宽100～200cm的窖洞，贮藏室的大小视贮藏量而定，一般每立方米空间可贮250～300kg，井筒口应围土并做盖，四周挖排水沟（图2-10）。在有土丘或山坡地的地方，还可采用窑窖贮藏，可参见萝卜窑窖贮藏部分。

（2）通风库贮藏是适用于南北方广大地区的马铃薯的贮藏方式，通风贮藏库为永久性建筑，是砖木水泥结构的固定式贮藏设施，建造时设置了更完善的通风系统和绝缘结构，降温和保温效果比较好。其结构可以参见梨贮藏的相关介绍。

2. 洋葱贮藏方式

（1）编辫垛藏法。这是一种北方常见的常温贮藏法，操作方法简单、贮藏

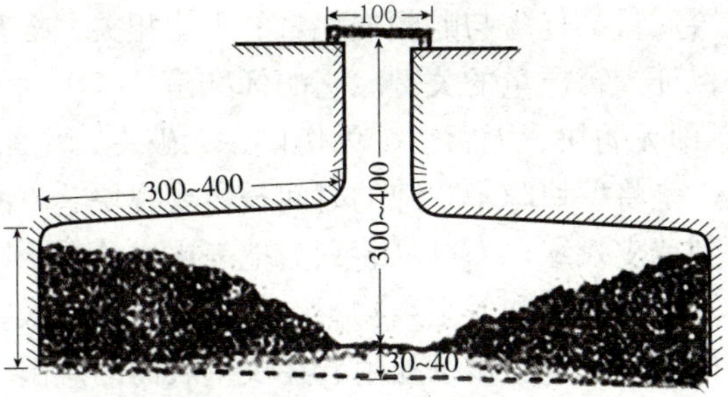

图 2-10　井窖示意（单位：cm）

成本低，在农村被广泛应用。

（2）冷藏库贮藏。参见有关苹果冷库贮藏的介绍。

任务实施

1. 马铃薯贮藏

（1）操作流程。适时采收→挑选、预贮→短期预贮（沟藏）→库房清洁消毒→入贮。

（2）在植株枯黄时，地下马铃薯进入休眠期，此时是马铃薯收获的最佳时间。收获应选在霜冻到来以前，并同时要求在晴天和土壤干爽时进行。收获时先将植株割掉，深翻出土后，须在田间稍行晾晒，但不要在烈日下暴晒。收获后，在田间要将发生病虫害及受机械伤害的马铃薯剔除，进行分级。在贮前先将马铃薯放在10～20℃条件下经过10～14d（若温度低时间要长一些）愈合伤口形成木栓层。具体方法是把马铃薯堆在通风的室内，堆中要扦插秫秸把或竹片制成的通风管，以便通风降温。堆高不得高于0.5m，宽不超过2m。同时要注意防雨、防日晒，要有草苫遮光。为达到通风目的，还可在薯块堆下面设通风沟。要定期检查、倒动，降低薯堆中的温、湿度，并检出腐烂的薯块。

（3）使用过的薯窖避免不了要残存一些薯块带来的土壤、残、烂、废薯等，这些东西上都会附着杂种真菌和细菌，接触过薯块的墙壁、通风道、通风沟、垫板等也会附着病原菌，如果不经处理就使用，肯定会成为下次存贮茎块的菌源，所以必须认真进行清理和消毒灭菌。首先是把薯窖地表的土和一些残存的杂物清理出去，窖内不留死角。同时，要将新从山上或河滩取回来的沙土，均匀铺垫到地面上。然后，对墙壁等全方位进行消毒。可以使用75%的百菌清可湿性粉剂500倍液对墙壁、地面、通风道喷雾消毒；也可用百菌清烟剂熏蒸消毒，施药后密闭36h以上，然后通风；也可用硫黄或甲醛溶液熏蒸，通风库每立方米可用5～10g的硫黄熏蒸消毒。

（4）块茎入窖质量的优劣与贮藏损耗量的大小相关。入窖前对薯块应进行认真整理。这是保证入窖质量的关键。它的标准是“一干六无”。“一干”即薯皮干燥；“六无”即无病块、无腐烂、无伤口、无破皮、无冻块和无泥土杂物。根据这个标准，一是将薯块晾干，晾的时间长短要视块茎干湿程度和块茎用途而定。种薯可晾到薯皮发绿，而商品薯只需把表皮水分晾干即可。二是严格挑选，剔除病、烂、伤、冻薯和泥土杂物。有条件的地方，入窖前可给薯块喷施杀菌剂，如百菌清等，以进一步杀死附着在块茎表面的病菌。

（5）窖藏的管理过程基本与萝卜相同，入贮可以直接堆藏或装袋也可以装筐进行贮藏，堆放时地面要放置垫板将堆垛与地面隔开利于散热。堆垛高度不超过2m，中间设通风塔。装袋码垛，垛不要高，一般码五袋高，两列并排为一行，行与行之间要留0.5m左右的通风道，行的长度视窖的大小来定。

贮藏期间管理的重点是温度和湿度的控制。温度调节最为关键，环境温度过低，块茎会受冻；环境温度过高会使薯堆伤热，导致烂薯。最适宜的贮存温度是，商品薯4～5℃，种薯1～3℃，加工用的块茎以7～8℃为宜。调节窖温掌握3个贮藏阶段温湿度的调控原则，即贮藏前后期注意防热，中期注意防冷，这一部分在大白菜棚窖贮藏中有讲解。最适宜的贮藏相对湿度应为85%～90%。马铃薯在较长时间堆藏后，中间和下层会有热量积累，温度高于上层。下层热气流上升并与表层冷空气相遇后，会在薯块表面凝成水珠，即发汗。假如发汗的水汽不能很快消失，就会加速薯块的变质。因此，加强通风使空气保持流畅，有利于水汽散发，能防止结露，对降低温度与湿度、抑制发芽、减少腐烂都是有利的。商品薯贮藏应避免见光，光可使薯皮变绿，龙葵素含量增加，降低食用品质。种薯在贮藏期间见光，可抑制幼芽的生长，防止出现徒长芽。另外，贮藏期间要注意适量通风，保证块茎有足够氧气进行呼吸，同时排除多余二氧化碳。

（6）通风贮藏库贮藏。收获后在阴凉通风处预贮时，挑选无病虫伤，不萎蔫的块茎装筐，每筐装20～25kg。垛内、垛间应留空隙以利空气流通。所装的马铃薯距筐口5cm左右，以防止筐内马铃薯被压伤同时也有利于通风。堆高一般以五六筐高为宜。另外也可将马铃薯散堆于库中，堆高一般为1.3～1.7m，薯堆与天花板留出60～80cm的空间。每隔2～3m，在薯堆中放一个通风筒，以利通风散热，为加速排出薯堆中的热量和湿气，可在薯堆底部设通风道与通气筒连接，用鼓风机吹入冷风。

贮藏期间的温湿度管理与窖窖基本相同，利用外界的气温变化进行调整。贮藏初期，隔两周左右应翻垛检查1次，剔除腐烂块茎。以后每隔1个月左右检查1次，如发现有腐烂变质的情况，应随时倒动检查，立春后气温逐渐上升，要进行倒堆，挑出烂薯及发芽的块茎。

(7) 为了抑制贮藏后期萌芽，还可在收获后两个月左右时，用萘乙酸甲酯处理块茎。每10t马铃薯用药0.4～0.5kg，加15～30kg细土制成粉剂撒在薯块中。萘乙酸甲酯是一种挥发性物质，通过挥发起作用又通过挥发消失。采用$^{60}Co\gamma$射线射线辐照处理马铃薯，有明显的抑芽作用，是目前马铃薯长期贮藏中抑芽效果很好的一项技术。

2. 洋葱贮藏

(1) 操作流程。适时采收→适当晾晒、愈伤→修剪掉茎叶、须根、清理净泥土→装箱（编辫）→预冷（24～48h预冷到3～5℃）→入库贮藏。

(2) 洋葱收获前10d左右停止灌水，贮藏的洋葱应在充分成熟、组织紧密时采收，成熟的洋葱叶色变黄，地上部管状叶呈倒伏，外部鳞片变干。收获过早，耐藏性差；过晚，地上假茎容易脱落，易裂球，不利于编挂贮藏，同时可能遇到雨季，导致腐烂。收获应选择晴天进行，避免机械损害。

(3) 洋葱采收后要通过适当晾晒进行愈伤处理，目的是散发田间热、降低水分含量，加快愈伤组织的形成。更重要的是有利促进外层鳞片失水干缩成膜质化鳞片，贮藏中起到保护作用。收获后要及时晾晒，可以就地将葱头放在畦埂上，将洋葱叶向上，鳞茎朝下紧密排列，后排叶子盖住前排鳞茎，依次摆放，不让烈日直接晒鳞茎，一般晒4～6d，中间翻动1次，当叶绵软能编辫子即可。如遇雨时，最好收集起来加以覆盖，以免耐贮性降低。晾晒过的葱头再次挑选后，将发黄、绵软的叶子编成长约1m的“辫子”，两条结在一起成为一挂。每挂约有60个葱头，重10kg左右。如晾晒后的叶子少而短时，可添加微湿的稻草编辫。编辫的洋葱，还需晾晒5～6d，晒至葱头充分干燥，颈部完全变成皮质，抖动时鳞茎外皮沙沙发响时为宜。中午阳光强烈时，用苇席稍盖一段时间再揭开晾晒，遇雨时应予以覆盖。洋葱贮藏也可以不编辫子，挑选后直接盛放在容器内以备贮存。

(4) 预冷及入贮。葱头经过采后处理，便可入库预冷，用差压通风冷却方法预冷，也可用强制通风冷却方法预冷。在24～48h内将品温降至3～5℃。

(5) 我国华北京、津地区多用编辫垛藏法（图2-11）。具体方法是：在收获、晾晒、编辫、再晾晒使鳞茎充分干燥的基础上，首先码上小垛。垛下面用土埂、木檩等垫高30～50cm，上铺秫秸，将洋葱辫子一层层码好，垛高1m，宽2m左右，顶部用苇席等物盖好防雨。经10d左右，选晴天摊开再晒，这样反复晾晒2～3次，洋葱辫子充分干燥后便可上大垛。大垛高1.5m，宽1.2～1.5m，长约8.3m，这样一垛可贮藏洋葱5 000kg。为了防止洋葱受潮，要选地势高燥、空气流通、排水良好的地块，南北向垒两行间距0.66m、宽1m的土埂，铺上木檩，上垫秫秸厚约 20cm 做底。将充分晾晒的洋葱辫子头朝外，辫梢朝内一层层码放整齐。垛好后，四周用两层苇席围好，并用绳子横竖扎紧，垛顶先铺稻草，再压土，抹泥防雨，这样可防阳光直晒和雨水渗入。

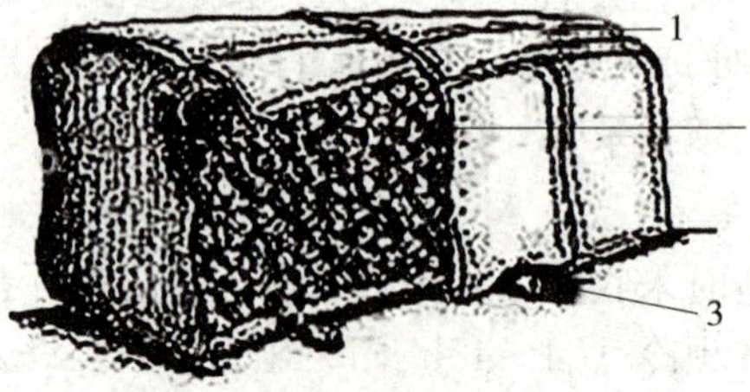

图 2-11　洋葱辫垛藏法示意

1. 苇席　2. 洋葱　3. 枕木

（6）冷藏库贮藏是当前洋葱较好的贮藏方式。采用此方法时，需在 8 月下旬洋葱脱离自然休眠以前存入冷库。将经过晾晒的洋葱装筐码垛或架藏，或装入编织袋内架贮或码垛贮藏都可以。入库前先将挑选好的葱头预冷降温，当洋葱品温接近贮藏温度时，入冷库贮藏，库房温度控制在 0～3℃，相对湿度 70%以下（64%左右）。温度波动要尽量小，波动大易引起生理病变。湿度过低干耗大，湿度过大洋葱表面易霉变和长白须，可以采用地面撒生石灰的办法降低湿度，同时要保证库房内通风良好。

（7）洋葱在贮藏期间如果条件不适宜会大量发芽，在贮藏前进行抑制发芽处理是较好的控制手段，可以采用生长抑制剂处理：用浓度为 25%的青鲜素 0.5kg，加水 49.5L，配成 0.25%的药液，可喷洒 800m^2 洋葱地。配药用水的温度 15～20℃。为增加药液的黏度，亦可加入 100～150g 肥皂粉。喷洒的时间宜在洋葱收获前 7d。另外在洋葱收获后用 γ 射线照射洋葱，抑制发芽的效果也很明显。

任务 4　果菜贮藏技术

果菜类主要包括番茄、辣椒、茄子等，它们以果实为食用器官，是人们非常喜爱的一类蔬菜。本任务以番茄和辣椒为例对果菜的贮藏进行简单介绍，其他果菜的贮藏亦可参考进行。

知识准备

一、贮藏特性

1. 番茄贮藏特性　一般中晚熟品种较早熟品种耐贮性强。皮厚、肉质致密、水分较少、干物质含量高、呼吸强度低、抗病性强的品种，其耐贮性较好。相反，果皮糙、易裂果的品种不耐贮藏。番茄是冷敏感作物，果实长时间低于 8℃会发生冷害。番茄的成熟阶段分为：绿熟期、微熟期（顶红）、半熟期（半红）、坚熟期（红而硬）和软熟期（红而软）。鲜食番茄多为半熟期至坚熟期采摘，但不能进行长期贮藏。绿熟至顶红期的果实具有一定的耐贮性和抗病性，在贮藏中能后熟转红。长期贮藏的番茄应在绿熟期采收。

2. 辣椒贮藏特性　辣椒的种类很多，多以甜椒、油椒耐贮，尖椒不耐贮。不同品种的辣椒耐藏性差异很大。一般以角质层厚、肉质厚、色深绿、皮坚光亮的晚熟品种较耐贮藏。由于各地种植的品种差异较大，品种的更新换代速度较快，很难按品种的耐藏性和抗病性来选择贮藏品种。

二、贮藏条件

1. 番茄贮藏条件

（1）适宜温度为 8～13℃，低于 8℃，番茄易受冷害，完熟番茄的贮藏温度为 0～2℃。

（2）相对湿度以 80%～85%为宜。

（3）氧气和二氧化碳浓度均为 2%～5%。

2. 辣椒贮藏条件　辣椒贮藏的关键是在贮存适宜温度下控制好贮藏环境的相对湿度。湿度过小，空气干燥，果实呼吸和蒸腾失水快，易发生萎蔫，湿度过大，真菌繁殖快，辣椒易腐烂。贮藏辣椒的相对湿度不能低于 70%，又不能高于 90%以上，以 80%～90%为适宜。温度以 8～10℃为适宜，低于4～5℃出现冷害。一般气体组合以 3%～5%的氧气和 1%～2%的二氧化碳较为适宜。

三、贮藏方式

1. 番茄贮藏方式

（1）常温贮藏。主要有窖藏、通风库贮藏。

（2）简易气调贮藏。是目前在生产中比较多用的贮藏方式。将番茄密封于塑料袋或塑料帐中，利用番茄呼吸消耗氧气增加二氧化碳浓度，结合防腐处理，可贮藏 30～45d。

2. 辣椒贮藏方式

（1）冷库贮藏。与苹果的冷库贮藏方法基本相同，在此不再赘述。

（2）简易气调贮藏。同苹果的简易气调贮藏。

任务实施

1. 番茄贮藏

（1）操作流程。适时采收→挑选、预贮→库房清洁消毒→入贮。

（2）适时采收。这是做好番茄贮藏的关键环节。用于长期贮藏或远距离运输的番茄应选择在果实已充分长大，内部果肉已经变黄，外部果皮泛白，果实坚硬的绿熟期采收。因为这种成熟度的果实抗病和抗机械伤的能力较强，而且需要较长一段时间才能完成后熟达到上市标准，而这段时间正好是贮藏或运输的时间，当贮藏或运输结束时果实达到红熟的程度，也就是食用的最佳时期。短期贮藏或近距离运输可选用果实表面开始转色、顶部微红期的果实。立即上市出售的果实则以果实表面转红时为好，因为这种果实营养和风味较好，故易鲜食，但不耐贮藏。作为贮藏用的番茄，在采收前2～3d不应浇水，以增加果实的干重而减少水分含量。采摘番茄应在露水干后进行，不要在雨天采收。采收时果实不应带果柄，且要轻拿轻放，避免机械伤。采收后及时进行预冷，贮藏前果实经过严格挑选，除去病果、裂果及伤果。装入筐内或箱内，装筐前应将筐用1%漂白粉冲洗并晾干，每筐装3～4层果实。果实下面最好用柔软材料衬垫，防止损伤果实。所用包装材料最好用前进行消毒处理。

（3）短期贮藏。夏秋季节可利用地窖、通风库、地下室等阴凉场所贮藏番茄，这是一种短期贮藏。贮藏的流程与前面讲到的常温贮藏相同。码放时应注意包装箱码成4层高，箱底层垫枕木或空筐，箱间要留空隙，以利通风。贮藏前期应加强夜间通风换气，降低库温。贮藏期间每7～10d检查1次，挑出病烂果实，红熟果实应挑出销售或转入0～2℃库中继续贮藏。该法贮藏20～30d后果实全部转红。后期当窖温下降到10℃左右时，开始用空气加热线加温，保持温度在11～13℃，可贮藏1个月。窖内相对湿度可利用地面洒水、加生石灰或通风等措施控制在85%～90%。贮藏期为30～40d。番茄通风库贮藏和温室堆藏与其窖藏相似，控制好温湿度。

（4）气调贮藏。利用气调库或者在窑窖、通风库、冷库当中采用自发气调技术进行气调贮藏是目前常用的贮藏方式。气调贮藏应在10～13℃下，保持贮藏环境中有2%～4%的氧气和3%～6%的二氧化碳。当氧低于2%时，果皮会出现局部下陷和浅褐色斑痕，严重时果皮变白，果蒂部腐烂。二氧化碳过高时，果皮上会出现白点，然后转为棕色斑点。下面介绍两种简易气调方法。

①塑料薄膜大帐气调贮藏法。番茄气调垛不宜过大，过大会增加帐内湿度，呼吸热较多，一般每个薄膜大帐可容纳番茄1 000～2 000kg。用0.1～0.2mm厚的塑料膜做成密闭塑料帐，帐内加消石灰（果重的1%～2%）吸收

多余的二氧化碳。氧不足时充入新鲜空气。由于帐内湿度较高，番茄易感染发病，加防腐剂可控制病害发生，可通入0.2%氯气，每2～3d施用1次；或将0.5%的过氧乙酸放在垛内，效果与氯气相仿；也可用漂白粉代替氯气，用量为果重的0.5%，有效期为10d；还可按帐内容积每升用0.05～0.1mL的仲丁胺，每月使用1次，帐内加入浸透饱和高锰酸钾的砖块，吸收乙烯，效果更好。

②塑料薄膜袋小包装贮藏法。将番茄放入0.06mm厚的聚乙烯薄膜袋中，扎紧袋口，放入冷库，每隔2～3d，开袋通风，果实转红后，袋口不必扎紧，每袋5kg，防腐措施参照上述方法进行。

气调贮藏以45d为宜，不宜多于两个月。这样，能起到“以旺补淡”的作用，产品重量高，损耗低，中途不必开帐检查。

2. 辣椒贮藏

（1）操作流程。适时采收→挑选、预贮→库房清洁消毒→入贮。

（2）适时采摘。贮藏用的辣椒不能采收红熟椒以及幼嫩椒，应当是充分成熟的辣椒为适宜。一般露地栽培和秋季延迟栽培的辣椒，在晚秋果实停止生长，还未转红，早霜之前采收。采摘时要连果柄摘下，最好用剪刀带果柄节一起剪下，避免采收不当造成损伤。采收后的辣椒放在普通房间或冷库内，经过预冷，使辣椒的温度降到9℃以下方可入库，包装最好采用贮藏专用的周转木箱、塑料箱、纸箱，箱内衬纸或塑料袋，果与果摆紧，但不要用手硬塞。

（3）埋藏法贮藏。埋藏法贮藏辣椒简单易行，利用辣椒喜凉怕热的特性，先在筐或箱底铺3cm厚的泥或沙后将选好的辣椒经过消毒处理，晾干后装入木箱或筐内，一层辣椒一层泥（沙），向上装至箱（筐）口5～7cm处，再覆泥（沙）密封即可。贮藏的数量要视容器大小而定，木箱可贮10kg。筐可适当多装一点，但不要超过15kg，防止过多相互挤压。容器的堆装方法可采用骑马形叠堆，高度以4～5层为宜。埋藏时，还可在室内地面上用空心砖或木箱围成长2～3m、宽1m、高0.6～0.9m的空间，然后按上法逐层堆码，在最高层覆盖3cm厚的泥（沙）密封。为防止湿度过大而引起果实变质，在堆内可安放干空气筒，以便通风散热。

（4）窖藏法贮藏。辣椒的窖藏通常采用半地下窖或普通菜窖。在消毒后的窖内地面上铺一层3cm厚的湿沙，然后将准备好的辣椒放在沙上，码放4～5层，并在辣椒的四周和顶层围盖上湿润的草席以保湿度。有的用蒲包衬筐贮藏辣椒，先用水浸湿蒲包，再用0.5%的漂白粉流水线，沥去滴水，衬筐内、装入辣椒，堆码成垛。每隔7～10d检查一次，同时更换蒲包，贮藏效果较好，也有的将辣椒装入筐内，外罩塑料薄膜贮藏。

（5）气调贮藏。同番茄一样，利用气调库或者在窑窖、通风库、冷库当中采用自发气调技术进行气调贮藏也是辣椒贮藏的常用方式。多采用塑料薄膜气调贮藏法，将经过挑选的辣椒装入消过毒的板条箱内，每箱装 10kg 左右，按“丁”字形堆放。每垛堆 48 箱。最上层覆盖麻袋或牛皮纸等，防止水滴落在果上和避免光直射辣椒。底层放生石灰 5～7kg，以吸收二氧化碳。外层罩上塑料膜帐子，密封隔绝外界空气后，即抽氧充入氮气。一开始把氧含量降到 2%～5%。经数天后，将氧调节在 5%以内。呼吸产生的二氧化碳，用增加消石灰的办法吸收，使其含量也控制在 5%以内。每隔 10～12d 揭帐倒动 1 次，擦干薄膜上的水滴，剔除腐烂果实。如无抽氧充氮装置，也可用自然降氧的方法，即利用果实自行呼吸使氧降低到 5%左右。

（6）冷库贮藏。冷库贮藏的关键是控制好温湿度，把袋装好的辣椒有顺序地放入库内的菜架上，如果是果箱则折口向上，然后将果箱码起，辣椒果实对低温很敏感，低于 9℃时易受冷害，而在高于 13℃时又会衰老和腐烂，贮藏适温为 9～12℃。一般夏季辣椒的贮藏适温为 10～12℃，冷害温度 9℃；秋季的贮藏适温为 9～11℃，冷害温度 8℃。采用双温（两段温度）贮藏，将会使辣椒贮藏期大大延长。辣椒贮藏适宜的相对湿度为 90%～95%。辣椒极易失水，湿度过低会使果实失水、萎蔫。采用塑料密封包装袋，可以很好地防止失水。但另一方面，辣椒对水分又十分敏感，密封包装中湿度过高，出现结露，会加快病原菌的活动和病害的发展。因此，装袋前须彻底预冷，保持湿度稳定，使用无滴膜和透湿性大的膜，加调湿膜，可以控制结露和过湿。贮藏期间定期通风，排除不良气体。此法可贮藏 45～60d，效果较好。

任务 5　花菜贮藏技术

花菜指花椰菜、青花菜与蒜薹等，它们分别以花蕾、变态的花茎作为食用器官。本任务重点介绍花椰菜和蒜薹的贮藏技术。

知识准备

一、贮藏特性

1. 花椰菜与青花菜贮藏特性　用于贮藏的花椰菜与青花菜宜选择花球紧实、品质好、耐热或抗寒、适应性强的中、晚熟品种。春季花椰菜可选用福农 10 号、瑞士雪球，秋季可选荷兰雪球等。

2. 蒜薹贮藏特性　蒜薹是大蒜的幼嫩花茎。采后新陈代谢旺盛，在常温下只能贮存 20～30d，为什么蒜薹又能保鲜半年以上呢？因为蒜薹不但对低温有很强的忍受能力，而且对低氧和高二氧化碳的环境也有很强的适应能力。河北的永年、黑龙江的阿城、陕西的岐山、甘肃的泾川等地均产蒜薹。但山东苍山等地的蒜薹品质最佳，薹条粗而长，适于做长期贮藏。

二、贮藏条件

1. 花椰菜贮藏条件

（1）温度为0～1℃。

（2）相对湿度为90%～95%。

2. 蒜薹贮藏条件

（1）温度为0～0.5℃。

（2）相对湿度为85%～95%。

（3）氧气浓度为2%～5%，二氧化碳浓度为0%～8%。

在贮藏过程中只要氧气和二氧化碳两项指标中有一项达极限标准时，就要立即开袋换气，每次换气时间为2～3h。袋内或帐内的氧气和二氧化碳浓度应每天或隔天进行测定（只测定代表袋），当二氧化碳浓度要超过上限时，可用消石灰吸收。消石灰可用生石灰加水制作，要待粉化的消石灰散热冷却后方可使用，消石灰应该在密封条件下贮存，否则会因吸收空气中的二氧化碳而失效。

三、贮藏方式

1. 花椰菜与青花菜贮藏方式

（1）冷库贮藏。同苹果的冷库贮藏方法。

（2）假植贮藏。与芹菜的假植贮藏方法一致，可参见单元二项目二任务1的相关介绍。

2. 蒜薹贮藏方式 蒜薹最适宜的贮藏方法是机械冷藏结合气调进行贮藏。

任务实施

1. 花椰菜与青花菜的贮藏

（1）操作流程。适时采收→挑选→预冷、防腐处理→入贮。

（2）用于贮藏的花椰菜或青花菜应在花球茎部的花枝松散前收获，以色泽淡白、组织紧密、大小适中的晚熟品种耐贮性最好。收获时间应选择在天气晴朗、土壤干燥的早晨采收。青花菜采收前2d不要浇水，采收前用10～20mg/kg BA（细胞分裂素）喷洒花球，也可在采后用保鲜剂（20mg/kg BA+0.2%苯甲酸钠）处理，但要将浮水晾干后才能入库贮藏。收获时一般保留2～3轮外叶，以对内部花球起一定保护作用。花椰菜黑斑病为贮藏中的主要病害，最初使花芽脱色，随后变褐，为控制病害发生，可在采收前 2～7d 用扑海因 1 250～2 000 倍液喷花，也可在入贮前用 100mg/kg 的次氯酸钙处理，有利减少贮藏中的霉烂。

花椰菜和青花菜采后经挑选、修整及保鲜处理后应立即放入预冷库预冷。特别是青花菜，防止变色、变老和延长保鲜期最关键的措施是采收后尽快处于低温条件下，在 20～25℃室温放置 1～2d，花蕾花茎就会失绿转黄，故最好能在 3～6h 内降至 1～2℃。通过－17℃低温快速预冷的方法可在 5h 内使菜温降至所要求的低温。

花椰菜和青花菜在包装时，将茎部朝下码在筐中，最上层产品低于筐沿。为减少蒸腾凝聚的水滴落在花球上引起霉烂，也可将花球朝下放。严禁使用竹筐或柳条筐装运，有条件的可直接用聚苯乙烯泡沫箱装载，装箱后立即加盖入库。为延长保鲜期，可使用 0.015～0.03mm 厚的聚乙烯薄膜单花球包装，必要时在袋上打两个小孔，能起到良好的自发气调作用。用聚乙烯袋密封，加硅橡胶窗即硅窗法包装，贮藏效果更佳。

防腐处理：花椰菜贮藏中容易发生各种病害，贮前可用 0.15％托布津溶液浸蘸花球蒂部（不可浸入至花球）或用克霉灵保鲜剂（其主要有效成分为仲丁胺）挥发熏蒸防治。方法：每千克花椰菜用 0.1mg 克霉灵保鲜剂浸醮在吸水性好的纸或棉布条上，均匀地挂在菜垛四周或垛与垛之间，熏 24h 即能抑制菜体表面的病原菌。对窖、库体以及包装物件、架材等用 0.5％的漂白粉液喷洒或用克霉灵保鲜剂在密封条件下熏蒸消毒灭菌。

（3）冷库能调控贮藏温度，最适合花椰菜的贮藏。用 0.015～0.04mm 的聚乙烯塑料薄膜制成袋子，将经过挑选预冷后的花球单个装入袋内，折叠袋口，花球朝上码放在筐中，最上层菜花要低于筐沿，将筐堆放于库中，保持适宜的温湿度，每隔 20～30d 倒筐 1 次，摘除脱落及腐败的叶片，并将不宜久存的花球挑出上市。也可以在冷库内搭菜架，每层铺上塑料薄膜，码上花椰菜。为了保温可在架子四周置上薄膜帐，帐边不封闭。在贮藏过程中调节库温稳定在 0～1℃，控制氧气浓度在 2％～4％，二氧化碳浓度在 1％～3％比较适宜。封闭薄膜帐时，要注意防止凝结水滴到花球上引起霉烂。花椰菜在贮藏过程中释放乙烯较多，在封闭帐内放置适量乙烯吸收剂，对外叶有较好的保绿作用，花球也较洁白。

（4）在冬季温暖地区，入冬后可利用棚窖、贮藏沟、阳畦等场所，将尚未成熟的幼小花球带根拔起假植贮藏于其内。用稻草等物捆绑叶片包住花球，适当加以覆盖防寒，适时放风，将温度维持在 2～3℃，最好能让花椰菜稍稍接受阳光照射，根据需要适当灌水。鸡蛋大小的花球，假植到春天可长到 0.5kg

左右。

2. 蒜薹的贮藏

（1）操作流程。适时采收→挑选→预冷、防腐处理→入贮。

（2）蒜薹一般在气温较高的5月份采收。提苗要避免在正午进行，尽量防止断条及损伤薹条。将采收下来的蒜薹捆扎成小捆，装入麻袋或其他包装容器内，立即运输到冷库进行预冷。采收时期是否合适，直接影响到以后的贮藏寿命，采收过早，组织还未充分成熟，含水量多，比较脆嫩，易折断，也容易遭微生物侵染，品质较差，贮藏寿命短。相反采收过迟，组织老化，纤维含量增加，不利于食用，也直接影响销售量。当花苞下脚变白，蒜薹顶端开始弯曲时，是采收的好时机。每天的10：00～18：00采收较好。因为此时薹心松软，抽薹时不易拉断。在收获时抽心而不割取，目的是减少伤口，利于防病，不要在雨后或带露水采收。

为防止蒜薹快速老化，到达目的地后，要及时卸车，在阴凉通风处加工整理，就近采收的蒜薹应采取“即采即运即预冷”的方法，用大载量的车收购蒜薹不可取。预冷时最好放在0～5℃预冷间，在预冷过程中进行挑选、整理。将整理好的蒜薹放入冷库，上架继续预冷，当库温稳定在0℃左右时，将蒜薹装入塑料保鲜袋，装袋工人要事先修好指甲，戴上手套，避免划破塑料袋，装袋要求理顺薹条，薹梢朝外。装袋时，薹条要装到袋底，装口处尽量留出空隙，扎口处避免紧贴薹梢。一般要求袋口处有5～10cm空间，装袋后临时把袋口挽起，防止失水和结露积水，待库温、品温均接近贮藏温度时再扎封袋口并扎紧袋口，进行长期贮藏。在蒜薹预冷期间，用液体保鲜剂喷洒薹梢，再用防霉烟剂进行熏蒸，烟剂使用量为每克处理库容4～5m^3，当烟剂完全燃烧后，恢复降温，待蒜薹温度降至0℃时装袋封口，再进行贮藏管理。

（3）塑料薄膜袋自然降氧冷藏。将预冷至0℃的蒜薹薹梢向外，将蒜薹装入长100cm、宽75cm、厚0.08～0.1mm的聚乙烯袋内，每袋装量18～20kg，扎紧袋口，放于架上或包装容器内，不能过于挤压，应利于通气。当袋内的氧气降低到1%～2%，二氧化碳在12%左右时，开袋通气，使袋内氧气上升到18%以上，二氧化碳降至1%～2%，然后重新封袋。在0℃冷库中小包装贮藏的蒜薹，放风周期为10～15d。贮藏中、后期放风周期逐渐缩短到7～10d。

（4）塑料薄膜硅窗袋气调冷藏。将薹温为0℃的蒜薹，薹稍向外装在厚、长、宽均与上述塑料薄膜袋相同，在塑料袋纵向距袋口1/3处开窗，将硅橡胶与塑料袋热合。开窗面积为：贮15kg蒜薹，硅窗面积为70cm^2，贮20～25kg蒜薹，硅窗面积为100cm^2。置于菜架或包装容器中，由于硅窗袋对氧气和二氧代碳具有一定的通透性，基本上能满足蒜薹对气体成分的要求，因此在贮藏过程中不需要进行开袋通风换气的操作。

(5) 塑料薄膜帐气调冷藏。扣帐的方法与前面讲到的苹果的大帐贮藏相同，可以参考。将加工、预冷后的蒜薹装入塑料箱内，每箱20kg，在上面码成垛，扣帐时每个垛顶放3个空箱，或将帐顶做成脊形，防止凝结水下滴，塑料帐扣好后，塑料帐的两侧要留充气和抽气袖口及取气嘴。封帐后，可用分子筛制氮机调节气体成分，向袋内输入氮气，快速降氧，使帐内氧气含量迅速降低到蒜薹所适宜的范围。也可通过自然降氧，利用蒜薹的呼吸作用降低帐内氧气含量。帐内加适量消石灰，将多余的二氧化碳吸收掉。帐内氧气过低时可通入新鲜空气。由于塑料袋或塑料帐内温度较高，容易引起微生物的繁殖，可按帐内容积每升加入0.5mL仲丁胺，防止白霉或黑霉生长。

能力转化

1. 调查当地适合于长期贮藏的蔬菜有哪些品种？常用的贮藏方法有哪些？
2. 简述马铃薯的贮藏方法。
3. 至少说出两种蒜薹的贮藏方法。

单元三

主要粮食贮藏技术

我国是一个农业大国，是世界上最大的产粮国家，其中粮食作物产值占农业产值的70%。粮食安全贮藏是个世界性难题，据联合国粮农组织的调查统计，全世界每年粮食霉变及虫害等损失为粮食产量的8%，不发达国家甚至高达30%。因此粮食安全贮藏与粮食生产放到同等的地位也许并不过分。“民以食为天”，粮食储备受到政府和人民的重视力度越来越大，因为它关系到军需、食品、工业原料、备战、救灾等国民经济的各个方面。

粮食贮藏是将粮食从生产者运送给加工者，再将粮食加工产品从加工者运送给消费者的复杂供销流转过程中重复出现的一个中间环节，在整个流通领域中，包括粮食的收获、清理、干燥、装卸、贮藏、加工、运输、销售的全过程，到处都会发生着量与质的变化。

学习目标

知识目标

1. 掌握主要粮食和粮堆的物理性质。
2. 掌握主要粮食生态体系和粮堆生态体系的变化。
3. 掌握主要粮食的贮藏技术和管理方法。

能力目标

1. 熟练掌握主要粮食的贮藏技术和管理方法。
2. 培养理论联系实际的能力。

项目一　粮食贮藏基础知识

知识准备

一、粮堆及其物理性质的变化

粮食的物理性质是指粮食在贮存运输过程中反映出的多种物理属性。如粮食的流散性——自动分级、散落性；粮食的热特性——导温性和导热性；粮食的吸附特性——吸湿特性和气体吸附特性、湿热扩散等。这些物理特性互相关联，不仅影响别的物理性质，同时也被别的物理的、生化的、生物的特性所影响，对粮食的生命活动、虫霉危害、贮粮的稳定性产生有利的和不利的影响，与粮食清理、干燥、通风、气调等作业及粮仓设计都有密切关系。因此，要搞好粮食贮藏工作就必须深入了解粮食的物理特性。

1. 粮粒及粮堆的构成　粮食是小麦、稻谷、玉米、谷子、大麦等禾谷类籽粒及薯类、豆类等的总称。由于受到遗传特性、地理环境和栽培条件等因素影响，每一种粮食的形态特征各不一样，具有独特的形态结构、物理性质和化学性质，既有共性，又有个性，这些都对粮油贮藏产生有利或不利的影响。

粮食的构成归纳为如图 3-1 所示。

- 粮食
  - 禾谷类
    - 果皮（果皮、种皮）
    - 胚乳（胚乳、糊粉层）
    - 胚（胚根、胚轴、胚芽、子叶）
  - 豆类
    - 种皮（种脐、合点、发芽孔）
    - 胚（胚根、胚轴、胚芽、子叶）

图 3-1　粮食的构成

从粮食贮藏的角度出发，粮食中包围在胚和胚乳外部的种皮，形成了抵御不利贮藏环境的保护组织，对粮食贮藏是有利的。而粮粒的胚部则含有较多的营养成分和水分，生命活动旺盛，最容易受到虫霉感染。一般说来，胚越大，贮粮稳定性越差，这是贮粮不利的一面。因此，各种粮食构造不同，是导致各种粮食贮藏稳定性差异的原因之一。

影响粮食贮藏稳定性和粮食贮藏质量的主要物理因素是粮食的散落性、自动分级、孔隙度，对于各种蒸气和气体的吸收、吸附和解吸能力以及粮食的热传导、湿热扩散与热容量等。在粮堆这个特定的环境中，这些基本物理因素直接影响贮粮稳定性。

2. 粮堆的散落性

（1）粮食在自然形成粮堆时，向四面流动成为一个圆锥体的性质称为粮食的散落性（即流散性）。粮食散落性的好坏通常用静止角表示。静止角是指粮食由高点落下，自然形成圆锥体的斜面与底面水平线之间的夹角。静止角与散落性成反比，即散落性好，静止角小；散落性差，静止角大。粮粒的大小、形状、表面光滑程度、容量、杂质含量都对粮食的散落性有影响。粒大、饱满、圆形粒状、密度大、表面光滑、杂质少的粮食散落性好，反之则散落性差。不同粮食之间，上述外观特征明显不同，因此，具有不同的散落特性。表 3-1 中给出了主要粮种静止角的大小。

表 3-1 主要粮食的静止角（°）

粮种	静止角起	静止角止	变动范围
小麦	23	38	15
大麦	28	45	17
玉米	30	40	10
稻谷	37	45	8
大米	23	33	10
糙米	27	28	1
大豆	24	32	8
黍	20	25	5
芝麻	24	30	6
油菜籽	20	27	7

表中所示，大豆粒大、呈圆形、表面光滑，其散落性比粒形较小、表面粗糙的稻谷好得多。此外，粮食中含杂量增加，其散落性会降低，粮食水分含量增加散落性也降低。粮食的散落性在粮食贮藏、装卸运输机械及贮藏设施的设计中都是一个重要因素。贮藏期间散落性的变化，可在一定程度上反映粮食的稳定性。安全贮藏的粮食总是具有良好的散落性。如果粮食出汗、返潮，水分增大，霉菌滋生，就会使散落性降低，严重的发热结块会形成 90°的直壁状，完全丧失散落性。

（2）自动分级。一般说来，任何一批粮食都是非均质的聚集体。粮粒有饱满的、瘪瘦的、完整的、破碎的，形态多种多样。杂质也轻重不同，大小不一。在散落时彼此受到的摩擦力和重力不同，运动状态也不同。因此粮食在震动、移动或入库时，同类型、同质量的粮粒和杂质就集中在粮堆的某一部分，引起粮堆组成成分的重新分布，这种现象称为自动分级。例如，小麦在形成粮堆时的自动分级现象，从顶部到底部各个部位的组分呈现出有规律的分布：破碎粒、轻浮夹杂物、杂草种子在底部比顶部多（表 3-2）。

表 3-2　自然形成粮堆时的分级情况

品质指标	圆锥体顶部	圆锥体基部
容重（g/L）	70.7	66.7
破碎粒（%）	1.84	2.20
较轻杂质（%）	0.51	2.14
杂草种子（%）	0.32	1.01
砂石杂质（%）	0.13	0.49
瘪粒（%）	0.09	0.47

自动分级现象的发生与粮食输送移动时的作业方式、仓库类型密切相关。按其作业方式、仓房类型不同，杂质分级点形成的区域不同：

①输送机不动，在锥体基部形成杂质区。

②输送机移动，形成粮堆底部与两侧带状杂质区。

③筒式仓中心进粮，形成靠仓壁处的环状轻型杂质区和落粮点处的柱状重型杂质区。

④露天入粮，在囤边下风口处形成杂质区。

⑤人工入粮点多量少分级不明显。根据粮食自动分级形成的原因，自动分级可分为为重力分级、浮力分级和气流分级。重力分级的情况明显地发生在有震动运输过程中。如散装粮食长途运输后，大而轻的物料就会浮在最上面，细而重的物料就会沉到底部，而较细、较轻、较重的物料介于两者之间，从而形成了分层现象。浮力分级是由于粮粒下落过程受力不同而造成自动分级的。气流分级通常发生在露天堆粮的过程中，当输送机在风天卸粮时，在下风处就会聚集较多的轻杂质，从而形成自动分级现象。这种情况在皮带输送机、扬场机的作业中都会发生。

自动分级现象使粮堆组分重新分配，这对安全贮粮十分不利。杂质较多的部位，往往水分较高，孔隙度较小，易滋生虫霉，是极易发热霉变的部位，如不能及时发现还能蔓延危及整堆粮食。因此，对自动分级严重的地方，要多设检测层点，密切注意粮情变化。自动分级中灰尘集中的部位，孔隙度小，吸附性大，在熏蒸害虫时，药剂渗透困难，影响杀虫效果。同时，在通风降水降温过程中，也因空气的阻力加大，使风速达不到规定要求，造成局部温度、水分偏高。在粮食贮藏过程中也可利用自动分级有利的一方面。如利用气流分级清理粮食，使用筛子震动去掉重杂质等。防止自动分级最积极的办法是预先清理粮食。此外，在粮仓上安装一些机械装置，使粮食均匀地向四周散落，减轻自动分级现象。如皮带输送机头部的抛粮机构，在卸粮时扇面不断旋转，借助粮流惯性冲力，将粮食均匀地抛出。也可在入粮口安装锥形散粮器或旋转散粮器。立筒仓采用中心管进粮与中心管卸粮的方式，可以有效减缓粮食分级现象。

(3) 孔隙度是由粮粒本身结构与粮堆中粮粒间存在空间所造成的。在整个粮堆中，粮粒所占体积百分比叫做密度，孔隙所占的百分比叫做孔隙度。粮食孔隙度的大小受许多因素的影响，粮粒形态、大小、表面状态、含水量、杂质的特征与数量、堆高、贮藏条件等都能影响粮堆的孔隙度和密度。粮粒大、完整、表面粗糙的，孔隙度就大；粒小、破碎粒多、表面光滑的，孔隙度就小。含细小杂质多的粮食，可降低粮堆的孔隙度。对于一个粮堆，各部位的孔隙度是不一样的。特别是自动分级明显的部位更为突出。粮堆底层所受压力大，孔隙度较小。此外，粮堆吸湿膨胀后，也会造成孔隙度降低。

粮食的密度与孔隙度在粮食贮藏上具有重要的意义。孔隙度的存在，决定了粮堆气体交换的可能性，是粮粒正常生命活动的环境。孔隙中空气的流通，粮堆内湿热易散发，粮食就耐贮藏；如果孔隙度小，气体交换不足，当某些部位湿热高时，粮堆内就会湿热郁积不散，易引起发热、霉变。所以粮堆中有一定的孔隙度，对保证粮食安全贮藏是必要的。根据粮堆内部的气体可交换的性质，可人为地利用惰性气体改变粮堆内的气体成分，改变粮堆内粮粒与害虫、霉菌的生活环境，以抑制粮食呼吸及虫霉的活动。气调贮藏就是在此基础上发展起来的贮粮技术措施之一。自然通风和机械通风，也是促进粮堆内气体的对流，散发粮堆内湿热空气，换进干冷空气，以达到降温降水的目的。进行药剂熏蒸和化学保管时，孔隙度大，药剂就易渗透，杀虫抑菌的效果就好；孔隙度小，毒气渗透困难，有时会影响熏蒸效果。

3. 粮食的热特性　粮食处在一定的热状态中，并随时与外界进行着热交换。因此粮食的热特性也是粮堆物理性质之一，在组成粮堆的主要成分中，粮粒对热的传导速度较慢，是热的不良导体。虽然粮堆中空气的流动可有助于热传导，但粮堆内空气流动缓慢。因此，整个粮堆的导热性是很差的。如正常的粮温总是落后于外温，深层粮温度变化总是落后于表层，就是粮堆导热性不良的具体表现。粮堆这一性质，对粮食贮藏有有利的一面，也有不利的一面。当粮堆局部发热时，由于粮堆难以传热，接近发热层处的粮食温升比发热中心慢得多。据测定，在距离发热中心 1.5m 和 2m 处，分别要经过 10 和 20 昼夜才有明显的温升；距离 2.5m 处，要经过 30 昼夜；距离 3m 处，30 昼夜仍察觉不到温升。因此在检查粮情时要合理布点，以尽早发现局部发热。粮堆的不良导热性的有利作用是在合理保管时，低温进仓的粮食甚至在热的季节里，也能保持较低的粮温，抑制和推迟虫霉的危害。近年来发展的小麦热入冷贮的贮藏方法，就是充分利用粮食导热性的特性。

4. 粮食的吸附特性 气体与固体接触时，气体分子浓集和滞留在固体表面的特性称为吸附性。在粮食贮藏中碰到的吸附现象主要是粮食对惰性气体的吸附，对熏蒸气体及一些污染物如香料、煤油、汽油、桐油、咸鱼味、樟脑等的吸附。粮食吸附性能在贮藏中表现最明显的是对水汽的吸附。粮食对水汽的吸附与贮藏品质的变化具有密切的关系，是粮食结露、湿热扩散的重要原因。

（1）粮食对气体的吸附主要是物理吸附，这类吸附的特点是越易液化的气体，越易被吸附；吸附的速度和解吸速度都较快；吸附量随温度升高而下降。粮堆中发生的吸附有部分是化学吸附，如熏蒸药剂的残留，一些液体污染物的吸附等。在特殊条件下，吸附剂与粮食某些部位的分子形成稳定的化合物，就不可能解吸了。这就是一些化学药剂熏蒸后存在残毒的根本原因。如溴甲烷熏蒸后的残留：剂量 32mg/L 在 15.5℃条件下密闭 24h，处理 1 次的小麦，溴甲烷的残留量为 35mg/kg。溴甲烷与小麦蛋白质发生作用，并进一步分解为无机溴甲烷及一系列甲基衍生物。

（2）影响粮食吸附的因素。在气体浓度不变的情况下，温度下降，物理吸附过程加强，吸附量增加，化学吸附随着温度的下降，吸附量减少；反之，温度升高，物理吸附过程减弱，吸附量减少，而化学吸附的速度增加，吸附量增加。表 3-3 所列的是不同熏蒸条件下溴甲烷的残留量。残留量随着温度的升高而增加，说明粮食对溴甲烷的吸附是一个化学吸附过程。

表 3-3 大麦与小麦对溴甲烷的化学吸附量

药剂	粮种	熏蒸温度（°）	密闭时间（h）	投药剂量（mg/L）	残留量（mg/kg）
溴甲烷	大麦	15.5	24	32	35
	小麦	24	24	32	42

在温度不变的情况下，气体浓度增加，超过粮堆内部的压力，吸附量增加；相反吸附气体浓度降低，吸附动态平衡向解吸方向移动，吸附量减少。

粮食的种类不同，也是导致吸附量不同的主要原因之一。在同一条件下，各种粮食对二氧化碳的吸附能力依次是：花生＞大豆＞芝麻＞玉米＞稻谷＞大米＞面粉，如表 3-4 所示。

表 3-4　几种主要粮食的二氧化碳吸附量（温度 20℃，时间 3h）

种类	花生	大豆	芝麻	玉米	稻谷	小麦和大米	面粉
吸附量（mL/kg）	560	400	230	170	85	75	60

（3）气体吸附与粮食贮藏的关系。粮食贮藏技术中的二氧化碳置换法（CEM）就是利用谷物对二氧化碳的吸附特性，使粮食在包装袋内呈现胶着状态（袋内负压2 000Pa 以上），有效地保持粮食品质。

由于粮食的吸附特性存在，极容易吸附不良气体和液体，产生异味，如汽油、煤油、药物等气味物质。轻者影响粮食的使用价值，重者造成污染。因此，运输粮食的车辆、盛装粮食的器皿及使用的工具都要严加检查，以免污染。

5. 粮食的吸湿特性　吸湿性是指粮食吸附或解吸水汽的特性，是粮食吸附性的一种具体表现。粮食水分的变化主要与粮食的吸湿性能有关，与粮食的贮藏稳定性、贮藏品质都密切相关，和粮食的发热霉变、结露、返潮等现象有直接关系。所以粮食的吸湿特性是粮油贮藏中最重要的变量因素之一。

粮粒具有吸湿与解吸能力，在一定条件下，粮食达到的最终水分值，称为平衡水分。吸湿性的研究为粮食贮藏工作提供了理论依据。在贮粮过程中要把握好吸湿性对贮粮的影响，粮食贮藏期间采取的措施要有利于粮食水分解吸，而不利于吸湿，使粮食处于较干燥的状态；运用水分平衡的原理，在粮食贮藏过程中判断粮食水分的变化趋势或判断通风的可能性，进而调整贮藏环境的湿度和通风；在同一粮仓或粮堆中高水分粮和低水分粮混贮后，粮食水分很难达到均布，而难以保管，因此贮粮要做到粮食的质量一致；粮食干燥要符合降水规律，调整工艺条件，保持粮食原有品质。

水分活度在粮食贮藏及其产品的贮藏加工方面具有重要的意义。粮食及其制品的生化变化和品质劣变，都与水分活度有关。利用水分活度来评定粮食贮藏的稳定性，比“安全水分”更能反映粮食安全贮藏的真实情况，它反映了粮食呼吸代谢过程中可利用水分的程度。水分活度相同的粮食，其含水量可以不同。因此，这就使评价水分对粮食贮藏稳定性的影响有了统一的标准。对于各种粮食水分活度在某一范围内，其贮藏则是安全的。一般水分活度在 0.65～0.7 的情况下，粮食变质非常缓慢。

二、粮食的生理性质

1. 呼吸作用　粮食是活的有机体，其生命活动的表现主要是呼吸作用。

粮食呼吸生理过程，是在活细胞内进行的一种复杂的生物化学反应过程，亦是粮食及油料中糖类等物质在酶的作用下进行氧化还原反应，分解成简单的化合物，放出二氧化碳和水，并释放出能量的过程。其原理同果蔬贮藏，可以参见前面部分。有氧呼吸是呼吸作用的主要类型，从维持生理活动看是必需的，但对粮食贮藏则是不利的，贮粮呼吸时所放出的热量，只有小部分用于维持生命活动及合成新物质，大部分则释放到体外（这部分热量被称为呼吸热），因而使粮堆的温度增高。在气温下降的季节里，粮堆的中、下层仍保持高温，就是粮食的呼吸作用及其不良导热性所致。粮堆的高温会促使呼吸旺盛，并为虫、霉滋生创造条件，从而加速贮粮品质陈化。

2. 粮食的后熟 在粮食收获以后，在一段时间内继续发育成熟的过程称为后熟。新粮在田间收获时并没有完全成熟，贮藏的最初的一段时间内，种子的胚，也就是将来发育成长为新植株的部位，发育仍在继续，这时粮食的呼吸作用旺盛，由于没有完全成熟，发芽率很低，加工以后品质也不太好，并且也不好保管。新粮经过一段时间，胚发育完全了，呼吸作用也渐渐平稳了，粮食这时达到了最高的水平，品质也得到了改善，便于贮藏了。粮食后熟期间，因为生理活动旺盛，呼吸作用较强，粮食会释放出大量的水蒸气和热，遇到冷空气后形成水滴凝结在粮粒表面，使粮粒“出汗”，这时如不及时通风降湿降温，就很容易使粮食发热或发霉。为了促进粮食的后熟和提高粮食品质，新粮入库前应当尽量晒干，入库后保持良好的通风条件。

3. 粮食的休眠 休眠指有些具有生命力的种子即使在合适条件下仍处于不能萌发的状态。粮食籽粒在休眠期间活力很低，籽粒内部的生理代谢及各种生化反应处于不活跃状态，因此干物质损耗较低。另外，休眠是一种生命“隐蔽”现象，有助于渡过不良环境期。因此休眠对保持粮食品质和安全贮藏是有利的。影响发芽的因素是温度、氧气和水分，防止发芽的最有效手段是控制水分，发芽是粮食质量严重劣变现象，属于责任事故。

4. 粮食的陈化 粮食在贮藏过程中，随着时间的延长，虽未发热霉变，但由于酶的活性减弱，呼吸降低，原生质胶体结构松弛，物理化学性状改变，生活力减弱，利用品质和食用品质变劣，这种由新到陈的转变过程称为粮食的陈化。影响粮食陈化的因素很多，粮食陈化的趋势是不可逆转的，但可以采取适当的方法有效减缓粮食陈化速度，从而达到尽可能保持粮食食用品质和种用品质的目的。高温、高湿都能够加速粮食陈化。粮堆中氧气浓度下降，二氧化碳浓度上升，能减缓粮食内部营养物质的分解，减缓粮食陈化速度。另外，粮食中的杂质和微生物也是加速粮食陈化的因素。

三、粮食的结露、发热与霉变

1. 粮食的结露　粮堆结露是指由于粮堆与外界存有较大温差造成粮堆内部湿度增加，在粮粒表面凝结成小水珠的现象。结露形成以后，易在密封的塑料布上形成水雾或小水珠，粮堆发生板结，间或伴有局部发热现象。结露部位多发生在粮堆的顶部、表层下 30cm 左右以及阴冷空隙等部位。粮食贮藏中，一旦发生结露将使粮堆局部水分增高，严重的造成发热霉变或生芽，致使粮食品质劣变，给贮粮带来严重不良影响。应当通过消除温差和降低粮食水分的办法避免出现粮食结露。当发现粮面结露后，须采取如下措施：一是根据粮面结露面积轻重，将结露粮进行倒仓、晾晒；二是将结露粮面进行翻倒、翻扬；三是采取扒沟、开塘的办法。若在仓内进行处理时，同时应打开仓房上部轴流风机将湿气排出仓外。若天气允许，用压入式离心风机同时进行，效果会更好。

2. 粮食的发热　在正常情况下，贮藏粮食的温度随着气温和粮食存贮仓温的升降而变化。若上升太快，或该降不降，破坏了粮堆与外界环境之间的热平衡，就是发热现象。贮粮之所以能够发热，必须有某些不正常因素，如仓房条件差，仓外强烈照射，特别是阳光直射，导致粮食发热；仓房上漏下潮或雨水浸湿，引起粮食发热；粮仓各部位温差过大，粮堆结露引起发热；或粮堆水分通过湿热扩散而转移引起粮堆发热；害虫活动猖獗，引起粮食发热；但粮食籽粒呼吸和微生物的生命活动是主要原因，一方面粮食贮藏期间呼吸反应产生大量的呼吸热，另一方面粮食原始水分大，温度适宜微生物大量繁殖，导致粮食发热。

贮粮发热应以预防为主，首先要抓好入库粮食质量，降低水分，减少含杂量；其次要做好隔热防潮工作，改善仓房条件，合理堆装，适时通风密闭。另外，做好粮食发热的预测预报，及早发现问题，及时处理，也是防止贮粮发热导致损失的重要工作。贮粮发热预测除了通过粮食温度、水分的不正常变化这些简单指标以外，还可通过测定贮粮微生物类群的演替进行预测，这一预测手段比通过其他指标预测更为准确，更加及时。当然，也需要配备相应的设备和受过培训的检测人员。对于发热的处理，应根据发热的原因而采取不同措施。如因粮食潮湿而引起的粮食发热，最根本的措施是要进行干燥处理，如烘干、晾晒或机械通风、降水、降温。因杂质多或害虫活动而引起的粮食发热，应结合干燥进行清理杂质处理。如发热部位害虫集中，应进行熏蒸杀虫。发过热的粮食，一般贮藏稳定性降低，不宜长期贮藏。

3. 粮食的霉变　粮食霉变是贮粮微生物分解粮粒有机质的结果，微生物在粮食上生长繁殖，使粮食发生一系列的生物化学变化，造成粮食品质变劣。

它往往与粮食发热紧密相连，即发热的粮堆如不及时处理，就会进一步恶化以至霉烂变质。因此，霉变大多发生在粮堆最易发热的部位。但是在通风状况良好的情况下，有的粮堆虽已严重霉变，但由于其热量及时散发，却不易觉察有发热现象。粮食霉变是一个连续的发展过程，大体可分为初期变质、生霉和霉烂3个阶段。

任务实施

一、贮粮装具的准备

选择好贮粮装具是保证粮食安全贮藏的首要任务。无论采用哪种装具，都应具有防潮、防虫、防鼠等功能，且进出粮方便，容量适中，对采用杀虫药剂处理的仓房一定要有较高的气密性。下面介绍几种新型粮食贮藏设备。

1. 金属钢板粮仓 该设备吸收了国内外粮仓的先进技术，与钢筋混凝土筒仓相比，具有以下优点：

（1）贮粮效果好。钢筋混凝土筒仓在防雨水渗漏方面不能令人满意，粮食极易受潮发霉，而金属钢板粮仓可以很方便地控制温度和湿度，防止粮食变质。

（2）投资少。金属钢板粮仓整体质量只有混凝土筒仓的1/10～1/6，对基础设施要求低。贮存同样容积的粮食，总投资只有混凝土筒仓的50%。

（3）使用方便。金属钢板粮仓配提升机可以自动装粮，因其下部为锥底，有控制开关，故卸粮也非常方便。

（4）使用寿命长。金属钢板粮仓由优质镀锌钢板制成，可连续使用30年以上，当粮仓需要搬迁时，松开螺栓即可。

2. 组合式家用粮仓 组合式家用粮仓被称为粮食“保险柜”，是一种新型的组合式家用粮仓。这种组合式粮仓每套可贮存粮食1 000～1 500kg，体积仅为1.5m^3。具有坚固耐用、存粮方便和组装灵活等特点，并有防火、防雨、防潮、防虫和防鼠等功能。由于是组合式，能够随便移动，既可放置室内，也可露天存放。

贮粮装具在使用前，应先内后外进行清扫，扫去残存的粮食、杂质等，必要时进行空仓杀虫处理，可用布条浸敌敌畏挂在仓内，严格密封装具1周以上。新型科学贮粮示范仓也可进行日光辐射杀虫。经处理后要尽快装粮。

二、对贮藏粮食的前处理

1. 除杂 粮食在入仓前，要尽可能清除粮食中的杂质，通常采用风扬的方法，也可以使用粮食的风选设备，以除去粮食中的害虫、秸秆、瘪粒、杂草种子和沙石等杂质。

2. 干燥　粮食干燥的主要方式有晾晒降水、通风干燥、机械烘干等。

（1）日光曝晒。在装仓前应对粮食进行充分晾晒，可降低粮食的水分，还可以杀灭其中的害虫。应选择在水泥地面的晒场或房顶晾晒粮食，不能在沥青马路上晾晒，这样不仅会影响交通，而且对粮食造成污染。选择晴朗的天气，将粮食均匀薄摊在晒场上，厚度以不超过 10cm 为宜，小麦水分降至 12%以下时方可入仓贮藏。晾晒时可用牙咬粮食来估计粮食的含水量。感到费劲、声音清脆响亮，说明水分符合要求；否则，需要继续晾晒。有条件的，最好用便携式快速水分检测仪检测。

（2）就仓干燥。亦称在贮干燥、整仓干燥，是将新收获的粮食存放在配有机械通风系统的仓内，采用自然空气或加热空气作为干燥介质，进行通风降水的一种低温干燥方式。一般选择气温在 15～25℃，相对湿度 70%以下进行，当湿度高于 70%时，可采用辅助加热的方式降低相对湿度，升温一般在 5℃以内。这种干燥方法的优点是能较好地保持粮食品质，粮食损耗少，干燥完成后可直接在仓内贮藏，设备投资少，干燥成本低。干燥时容易产生水分分层，国外堆高一般不超过 4m，我国通过在仓内布置立管通风系统，以立管的移动带动干燥层的移动以减轻水分分层，从而实现了该技术在高大粮堆中应用。就仓干燥时，早稻谷水分不超过 16%（亚热带不超过 15%），晚稻谷不超过 18%，玉米不超过 20%（亚热带不超过 16%），小麦不超过 16%。

（3）机械干燥。这是一种利用机械烘干设备将各种形式的能转换成热能，被物料吸收，使物料部分水分汽化，被干燥介质带走，从而降低物料水分的方法。粮食机械干燥根据能量传递的形式分为对流干燥、传导干燥、辐射干燥及由这几种组合的联合干燥。机械干燥相对于通风干燥设备一次性投资较大，干燥成本较高，但干燥速度较快，对环境的依赖性低。机械干燥时，应选择适宜的干燥温度，以保持粮食的品质。

贮藏粮食的场所要注意环境卫生，室内物品要摆放整齐，特别是装具周围和底部不能堆放杂物，不能有撒落的粮食和其他食物，以防外部害虫的感染和老鼠的侵害。

三、粮食的入仓贮藏

粮食经清理晾晒，待粮温降至与气温相近后就可以入仓了。粮食装入贮粮装具后，封好进出粮口，做好防虫、防潮、防鼠及日常的粮情检查工作。根据不同的粮食种类，贮藏也有相应的不同，具体会在项目二中详细叙述。

四、粮食贮藏期间的管理

1. 日常的粮情检查工作 日常检查工作十分必要，因为在检查中可以及时发现问题，及时处理，以保证贮粮的安全。在夏季高温季节，每周应检查1次，其他季节可以适当延长检查的间隔时间。检查粮情时，首先检查粮食的色泽、气味是否正常，抓起粮食看看散落性是否良好，有无结块、霉变现象。将手插入粮堆，如果感觉特别凉爽，说明粮温正常；如果感觉潮热，说明粮食已经发热，应当立即采取措施处理。检查粮温也可以使用温度计，如果粮堆内的温度明显高于环境温度，表明粮温已不正常。可以用牙咬的方法检查粮食的水分，有条件的可以使用粮食水分检测仪，检测粮食的水分是否较入仓时的水分高。观察粮仓外部和表面有无害虫活动的迹象，最好是从粮堆不同部位取样过筛，检查粮食是否感染害虫。

2. 异常粮情的处理 如果检查粮情时，发现粮食有色泽、气味异常，水分升高，结块，有异味等异常情况，应立即将粮食出仓，摊晾在晒场上进行降温、降水处理，待粮情正常后再入仓贮存。

3. 害虫的防治措施 如果粮食发生了虫害，应当及时采取杀虫措施，以免造成更大的损失。夏季高温季节可采用日晒杀虫。选择一个晴朗无风的天气，上午9时后，将生虫的粮食薄摊在晒场上进行辐晒，粮食厚度不超过10cm，下午3时后可将粮食收拢，然后热闷1～2h再入仓。如果天气允许，可连续辐晒2～3d，但晚上应将粮食盖好，以免受潮。

4. 鼠害的防治 鼠害应以预防为主。存放粮食的地基、墙壁、墙面、门窗、房顶和管道等，都应做防鼠处理，所有的缝隙不能超过1cm。房间内要保持整洁，各种用具杂物要收拾整齐，贮粮装具周围洒落的粮食要清理干净，衣柜、衣箱以及书籍、鞋帽等要经常检查，不使老鼠做窝。当老鼠大量发生时，可采用鼠药灭鼠的方法。选择国家允许使用的慢性鼠药，不仅药效好，而且对人畜安全；严禁使用急性鼠药灭鼠。灭鼠药应配成毒饵使用，有市售的毒饵可直接购买使用；也可根据具体情况自行配制。毒饵既要放置在老鼠容易出现和取食的地方，又要尽量避开小孩和禽畜，一般可投在墙角、家具下边等比较隐蔽之处。如有可能，最好准备投毒容器。每个投饵点，应视鼠害密度确定投药量，一般为50～200g。毒饵处理结束后，要收集剩余的毒饵和鼠尸，深埋或烧掉。老鼠不多的地方可以采用鼠夹、鼠笼等捕鼠器械灭鼠。或者通过养殖家猫来捕鼠。粘鼠胶也是一种有效的捕鼠工具，特别是对小家鼠效果很好。目前市场上销售的粘鼠胶产品，可直接买来使用。将它放在鼠洞口、鼠道上即可粘住小家鼠。

能力转化

一、填空题

1. 粮粒的________含有较多的营养成分和水分，生命活动旺盛，最容易受到虫霉感染。

2. 安全贮藏的粮食总是具有良好的________。

3. 一般粮食水分活度在________的情况下，粮食变质非常缓慢。

4. 粮食霉变是________在粮食上生长繁殖的结果，造成粮食品质变劣。

5. 粮食干燥的主要方式有________、________、________等。

6. 如果检查粮情时，发现粮食有色泽、气味异常，水分升高，结块，有异味等异常情况时，应________，摊晾在晒场上进行________处理，待粮情正常后再入仓贮存。

二、操作题

1. 通过调查当地的主要粮食贮藏方式分析其优劣，并提出自己的优化建议。

2. 调查当地粮食防虫防鼠的方法。

项目二　主要粮食贮藏技术

任务1　稻谷贮藏技术

知识准备

稻谷的贮藏具有以下3个特点。

1. 稻谷的颖壳较坚硬，对籽粒起保护作用　稻谷的颖壳能在一定程度上抵抗虫害及外界温、湿度的影响，因此，稻谷比一般成品粮好保管。但是稻谷易生芽，不耐高温，需要特别注意。

2. 大多数稻谷（如籼稻）无后熟期　在收获时就已生理成熟，具有发芽能力。同时稻谷萌芽所需的吸水量低。因此，稻谷在收获时，如连遇阴雨未能及时收割、脱粒、整晒，那么稻谷在田间、场地就会发芽。保管中的稻谷，如果结露、返潮或漏雨时，也容易生芽。稻谷脱粒、整晒不及时，连草堆垛，容易沤黄。生芽和沤黄的稻谷，品质和保管稳定性都大为降低。

3. 稻谷不耐高温　过夏的稻谷容易陈化，烈日下暴晒的稻谷，或暴晒后骤然遇冷的稻谷，容易出现“爆腰”现象。

任务实施

保管稻谷的原则是“干燥、低温、密闭”。按照这个原则保管稻谷，能够实现安全贮藏，较长期地保持稻谷品质和新鲜度。

1. 常规贮藏 常规贮藏是指基层粮库普遍广泛采用的一般的保管稻谷的方法。这种方法是在稻谷入库到出库的整个贮藏期间内采取6项主要措施来实施的。这6项主要措施是：控制水分、清除杂质、分级贮藏、通风降温、防治害虫和密闭粮堆。

（1）控制水分。稻谷的安全水分是安全贮藏的关键，各种稻谷在不同温度下的安全水分见表3-5，一般早、中籼稻收获期正是高温季节，收获后易干燥，入库水分低，能达到或低于安全水分。但晚粳稻收获时是低温季节，不易及时干燥，入库原始水分大，应及时进行干燥处理，有烘干设备的应在春暖前处理完毕，没有烘干设备的，应利用冬、春季节的有利时机进行曝晒，将水分降到安全水分以内。

表3-5 各种稻谷在不同温度下的安全水分

稻谷温度（℃）	粳稻（%）		籼稻（%）	
	早粳稻	中、晚粳稻	早籼稻	中、晚籼稻
5	17以下	18以下	16以下	15.6左右
10	16左右	16.5左右	15左右	15.5左右
20	15左右	16左右	14左右	14.5左右
30	14以下	15以下	13以下	13.5以下
35	13.5以下	14.0以下	12.5以下	13.0以下

（2）消除杂质。稻谷中含有的有机杂质含水量高、吸湿性强、载菌多，呼吸强度大，特别是进仓时由于自动分级现象而易形成杂质区，糠灰等杂质使粮堆孔隙度减小，湿热积聚堆内不易散发，这些都是贮藏的不安全因素。因此，入仓前进行风扬或过筛，把杂质降低到0.5%左右可大大提高贮藏稳定性。

（3）分级贮藏。入库的稻谷要做到分级贮藏，即要按品种、好次、新陈、干湿、有虫无虫分开堆放，分仓贮藏。

同一品种的稻谷，它的质量并不是完全一致的。入库时要坚持做到不同品种、不同等级的稻谷分开堆放，也就是说，出糙率高、杂质少、籽粒饱满的稻谷要与出糙率低、杂质多、籽粒不饱满的稻谷分开堆放。

上年收获的稻谷，由于贮存了一年，已开始陈化，它的种用价值与食用价值往往会随之发生一些变化；而当年收获的稻谷，由于未经贮藏或只经过短期贮藏，通常尚未陈化，故它的种用价值与食用价值良好。因此，入库时要把新粮与陈粮严格分开堆放，防止混杂，以利商品对路供应并确保稻谷安全贮藏。

入库时要严格按照稻谷水分高低（干湿程度）分开堆放，保持同一堆内各部位稻谷的水分差异不大，以避免堆内发生因水分扩散转移而引起的结露、霉变现象。

入库时，有的稻谷有虫，有的无虫。这两种稻谷如果混杂在一仓，就会相互感染扩大虫粮数量，增加药剂消耗和费用开支。因此，入库时要将有虫的稻谷与无虫的稻谷分开贮藏。

（4）通风降温。秋凉以后及时通风降温，缩小分层温差，是防止稻堆上层结露，中下层发热的有效方法。特别是早稻入库粮温高，为了及时解决这一矛盾，入库后就应及时通风，降低粮温，要求使粮温接近气温水平。秋凉后抓紧有利气候条件，将粮温迅速降至15℃以下。

根据经验，采用离心式通风机、通风地槽、通风竹笼与存气箱等通风设施在9～10月、11～12月和1～2月分3个阶段，利用夜间冷凉的空气，间歇性地进行机械通风，可以使粮温从33～35℃，分阶段依次降低到25℃左右、15℃左右和10℃以下，从而能有效地防止稻谷发热、结露、霉变、生芽，确保安全贮藏。

（5）防治害虫。稻谷入库后，特别是早、中稻入库后，容易感染贮粮害虫，遭受害虫严重为害，造成较大的损失。因此，稻谷入库后要及时采取有效措施全面防治害虫。通常多采用防护剂或熏蒸剂进行防治，以预防害虫感染，杜绝害虫为害或使其为害程度降低到最低限度，从而避免稻谷遭受损失。

（6）密闭粮堆。完成通风降温与防治害虫工作后，在冬末春初气温回升以前粮温最低时，要采取行之有效的办法压盖粮面密闭贮藏，以保持稻谷堆处于低温（15℃）或准低温（20℃）的状态，减少虫霉危害，保持品质，确保安全贮藏。常用密闭粮堆的方法有3种：

①全仓密闭，将仓房门窗与通风道口全部关闭并用塑料薄膜严格密封门窗与通风道口的缝隙。

②塑料薄膜盖顶密闭，将已热合粘接成整块的无缝无洞的塑料薄膜覆盖在已扒平的粮堆表面，再将塑料薄膜四周嵌入仓房墙壁上的塑料槽、木槽或水泥槽内，然后在槽内压入橡胶管或灌满蜡液，使其严格密闭。

③草木灰或干河沙压盖密闭，这种方法一般只适宜在农村小型粮库采用。先在稻谷堆上全面覆盖一层细布，塑料薄膜或一面糊了报纸的篾席，再用较宽的黏胶带将上述覆盖材料与四周仓壁紧密相连，然后在覆盖物上全面均匀地压

盖一层10～12cm厚已冷凉干燥的草木灰或5～6cm厚的干河沙，并坚持做到压盖得平、紧、密、实，以确保效果，实现安全贮藏。

2. 低温贮藏 稻谷低温贮藏可以减少虫害，少用或不用化学药剂，延缓稻谷品质下降，通常稻谷水分在16%以下，贮藏温度在0～15℃的条件下为好。取得低温的方法应根据各地条件采用自然低温或机械制冷。

在北方地区可以利用秋末初冬季低温将粮温降到0～10℃，冷冻降温后，入库密闭贮藏，可有效地保持低温。密闭的方法因仓而异，若仓房隔热性能好，可采用全仓密闭。仓房隔热性能差的可用包打围的方法，利用稻谷的不良导热性特点，粮堆愈高大，愈能保持有利的低温。如果仓房密闭条件差，则可采用粮面压盖办法，粮面压盖要做到紧、密、实，以利于隔热、隔湿并防止空隙处结露。

3. 气调贮藏 采用人工气调贮藏能有效地延缓稻谷陈化，解决稻谷后熟期短、呼吸强度小、难以自然缺氧的困难。目前，国内外应用较广泛的是充二氧化碳和充氮气调贮藏。贮藏过程中采用全仓密闭或塑料薄膜盖顶密闭的方法（见常规贮藏），利用充入的二氧化碳和氮稀释贮藏仓内的氧达到抑制微生物、虫害生长和粮食呼吸强度的作用。

4. “双低”贮藏 “双低”是指低氧、低剂量药剂贮藏，需要密封条件。一般是在粮食入库后，先密封粮堆（见常规贮藏）进行自然缺氧，当氧气降到不能再降而又未达到杀虫效果时，再施低剂量的磷化铝片，用药量为每立方米1～1.5g，采用布袋埋藏法施药。磷化铝片剂埋入粮堆，施用剂量比常规熏蒸减少80%～90%。“双低”贮藏对抑制稻谷呼吸强度，防治虫霉危害，保持稻谷的色泽与香味，延缓稻谷陈化有较显著的效果，也是保证高水分稻谷过夏的较好办法。在“双低”贮藏的基础上，创造低温的环境进行贮藏即为“三低”贮藏。

任务2　小麦贮藏技术

知识准备

小麦的贮藏有以下几个特点。

1. 后熟作用强 小麦的后熟期比较明显，新收获的小麦，需要经过几周甚至2～3个月才能完成后熟期。小麦的后熟作用，主要表现为呼吸能力强。新麦入库后，由于生理代谢旺盛，常易导致粮堆发汗、升温，如不及时检查发现和采取措施，就会造成粮面结露霉烂。

2. 耐热性能高 小麦有较高的耐热性能，其蛋白质和呼吸酶具有较高的抗热性，小麦经过一定的高温，不仅不会丧失生命力，而且能改善品质。利用小麦耐热性的特点，采取热密闭入库保藏，可以杀虫、防霉。

3. 吸湿性强　小麦的种皮薄，含有大量的亲水物质，容易吸收空气中的水分，在相同的相对湿度中，小麦的平衡水分始终高于稻谷。小麦的吸湿性能又因品种不同而异，红皮小麦皮层较厚，吸湿较慢；白皮小麦皮层较薄，吸湿性较强；软质小麦吸湿能力强于硬质小麦。

4. 呼吸强度弱　通过后熟期的小麦呼吸作用微弱，比其他禾谷类粮食都低，红皮麦比白皮麦的呼吸强度更低。因此，小麦有较好的耐贮性，正常条件下贮藏2～5年仍能保持良好的品质。

5. 易滋生害虫　由于小麦无外壳保护，皮层较薄，且新麦入库正值高温季节，适合害虫繁殖为害。为害小麦的害虫主要是玉米象、麦蛾、印度谷螟、大谷盗等。

任务实施

1. 热密闭贮藏法　热密闭贮藏小麦，可以防虫、防霉，促进小麦的后熟作用，提高发芽率。操作方法：利用夏季高温曝晒小麦，注意掌握迟出早收，薄摊勤翻的原则，在麦温达到42℃以上，最好是50～52℃，保持2h，于下午3时前后聚堆，趁热迅速入库堆放，平整粮面后，用晒热的席子、草帘等覆盖粮面，密闭门窗保温。要做好热密闭贮藏工作，其一应严格控制水分，由于小麦吸湿性能力强，进行曝晒使小麦水分控制在12.5%以下，再行入库。其二要求有足够的温度和密闭时间，入库后粮温在46℃左右，密闭7～10d；粮温在40℃左右，则需密闭2～3周。此后，粮温逐渐下降与仓温平衡，转入正常密闭贮藏。热入仓密闭贮藏所使用的仓房、器材、用具等均须事先杀虫，并做到“三热”，即做到粮热、仓热与压盖材料都热，以免产生过大的温差，引起小麦结露、霉变。

热密闭贮藏只适用于处理小宗新收获的商品小麦。对于种用小麦，一般热入仓密闭6～7d，就要揭开覆盖材料进行通风散热，转入常规保管，以免影响种子的发芽热和发芽率。

2. 低温密闭贮藏法　低温密闭贮藏是小麦安全贮藏的基本途径。小麦虽耐温性强，但在高温下持续贮藏，会降低其品质。而低温贮藏，则可保持品质及发芽率。至今仍为我国产麦地区常用的安全贮藏小麦的有效措施。

冷密闭贮藏使小麦较长时间处于低温（15℃）和准低温（20℃）状态，能够抑制虫、霉生长繁殖，避免虫蚀、霉烂损失，保持小麦粮情变化稳定、品质正常，并能延长种子的寿命，是安全贮藏小麦十分有效的技术措施。冷密闭贮藏的操作方法有两种。

（1）在冬季寒冷的晴天，将小麦搬出仓外摊开冷冻（白天摊开，夜间翻动两三次，使小麦冷透，深夜3时开始入仓，黎明前入仓完毕）或利用皮带输送机将小麦从甲仓转入乙仓，并与溜筛结合进行除杂降温，使麦温降至0℃左右或5℃以下，然后趁冷入仓用草苫、沙包、糠灰包，膨胀珍珠岩包或聚苯乙烯泡沫塑料等物覆盖粮面，并关闭仓房门窗进行隔热保冷密闭贮藏。

（2）在冬季寒冷的晴天，借助通风机、通风地槽或通风竹笼等设施进行机械通风，利用自然低温使麦温降低到5℃以下，然后采用上述方法隔热保冷密闭贮藏。

采用冷密闭贮藏的方法保管小麦时，必须注意以下几个注意事项。

①采用冷密闭贮藏以前，要认真改善仓贮条件，重点是改造仓顶，通常要采用聚苯乙烯泡沫塑料板或膨胀珍珠岩等材料在仓顶安装隔热的顶棚，以提高仓房隔热保温的性能。

②小麦冷冻后趁冷入仓时要做到"三冷"，即粮冷、仓冷、覆盖物冷，采用塑料薄膜密封粮面时还要在塑料薄膜下面铺垫一层麻袋，以免产生过大的温差引起结露、霉变。

③在已冷冻的小麦堆上覆盖草苫、沙包、糠灰包、膨胀珍珠岩包或聚苯乙烯泡沫塑料板时，要压盖紧密、不留缝隙并保持有足够的厚度，特别在靠近门窗与麦堆的外围更要认真做好这项工作，以免麦温上升，降低冷密闭贮藏的效果。

④对小麦质量要有一定的要求，一般应选择水分低、杂质少、无虫无霉的小麦进行。对高水分小麦，最好降低水分后再进行，否则就要严格控制低温的程度，以免影响小麦的发芽势和发芽率。

⑤在贮藏期间要坚持进行粮情检查，一旦发现有不正常变化时，要立即采取针对性的措施予以处理，以确保小麦安全贮藏。检查工作宜在早晚气温低时进行，以免高温时热空气侵入仓内，影响麦温上升，降低冷密闭贮藏的效果。

⑥冷密闭贮藏的麦堆，在气温转暖以前，要把仓房门窗严格密封，防止仓外热空气进入仓内，引起麦温上升。因此，在进入盛夏以后，当仓温不断上升时，要在晴天夜间气温低时打开仓顶上部的排风扇（或通风机）或打开仓房门窗做短时间通风换气（次日早晨5～6时再关闭门窗进行密闭），以散发仓顶和仓内天花板间因受辐射热作用而聚集的积热，降低仓顶和仓内天花板之间的温度，防止麦温上升，以确保冷密闭贮藏的效果。

3. 自然缺氧贮藏 目前国内外使用最广泛的方法还是自然缺氧贮藏。小麦入缸后封严缸口，使缸内的氧气随着小麦和害虫及微生物的呼吸逐渐减少，

5～10d便能使氧气浓度降至2%～5%，二氧化碳浓度增加至40%～50%。保持一定时间可使害虫窒息死亡。但应注意，小麦水分应控制在标准之内(<12.5%)，平均粮温30℃以上。对于新入库的小麦，由于后熟作用的影响，小麦生理活动旺盛，呼吸强度大，极有利于粮堆自然降氧。如果是隔年陈麦，其后熟作用早已完成，而且进入深休眠状态，呼吸强度很弱，不宜进行自然缺氧，这时可采取微生物辅助降氧或向麦堆中充二氧化碳、氮气等方法而达到气调的要求。

4. “双低”“三低”贮藏　采用低氧贮藏、低药熏蒸和低温贮藏三项贮藏技术综合用于保管小麦。具体方法参见稻谷贮藏。

任务3　玉米贮藏技术

知识准备

玉米的贮藏特点有以下几个。

1. 玉米原始水分大，成熟度不均匀　玉米在我国主要产区北方，收获时天气已冷，加之玉米果穗处有苞叶，在植株上得不到充分的日晒干燥，所以玉米的原始水分一般较高。新收获的玉米水分在华北地区一般为15%～20%，在东北和内蒙古地区一般为20%～30%。玉米的成熟度往往不是很均匀，这是由于同一果穗的顶部与基部授粉时间不同，致使顶部籽粒成熟度不够。成熟度不均匀的玉米，不利于安全贮藏。

2. 玉米的胚大，呼吸旺盛　玉米的胚几乎占玉米籽粒总体积的1/3，占籽粒重量的10%～12%。玉米的胚含有30%以上的蛋白质和较多的可溶性糖，所以吸湿性强，呼吸旺盛。据试验，正常玉米的呼吸强度要比正常小麦的呼吸强度大8～11倍。玉米吸收和散发水分主要通过胚部进行。

3. 玉米胚部含脂肪多，容易酸败　玉米胚部含有整粒中77%～89%的脂肪，所以胚部的脂肪酸值始终高于胚乳，酸败也首先从胚部开始。

4. 玉米胚部的带菌量大，容易霉变　玉米胚部营养丰富，微生物附着量较多。据测定，玉米经过一段贮藏后，其带菌量比其他禾谷类粮食高得多。玉米胚部是虫、霉首先为害的部位，胚部吸湿后，在适宜的温度下，霉菌即大量繁殖，开始霉变。

任务实施

1. 玉米的贮藏原则与稻谷、小麦等相同，也是“干燥、低温、密闭”
但由于我国玉米生产区北方各省在玉米收获时气温已很低，收获后的玉米水分很高，不易干燥，故很难实现上述原则，加之玉米的耐贮性差，容易遭受虫、霉侵蚀，因此，玉米比稻谷、小麦难以保管。玉米安全贮藏首先要解决的是降水问题，只有把玉米水分降低至符合安全水分标准，才能确保玉米的安全贮藏。凡入库水分超过14%以上的，到翌年春季（3～5月）应及时整晒或机械通风使水分降至13%以下（北方可降至14%以下）。同时要注意清除杂质，一般玉米杂质不超过0.5%，破碎粒不超过10%才能长期贮藏。玉米入仓时要做到按含水量不同、按等级不同分开贮藏，为安全贮藏打下初步基础。水分含量高的玉米入库前应进行烘干。

2. 干燥的玉米粒可放入仓内散存或囤存 堆高以2～3m为宜。一般玉米水分在13%以下，粮温不超过30℃，可以安全过夏。如果用仓库贮藏新玉米粒，可在入仓1个月左右或秋冬交季时，进行通风翻倒，以散发湿热，防止出汗。对已经干燥，水分降低到14%以下的玉米粒，可在冬季进行低温冷冻处理即低温冷冻密闭，其做法是利用冬季寒冷干燥的天气，摊晾降温，粮温可降到－10℃以下，然后过筛清霜、清杂，趁低温晴天入仓密闭贮藏。并做好压盖密闭工作，以利安全过夏。

3. 果穗贮藏 玉米果穗贮藏方法简便、效果良好，很早就为我国农民广泛采用。由于果穗堆内孔隙度大（可达51.7%），通风条件好，又值低温季节，因此，尽管高水分玉米果穗呼吸强度仍然很大，也能保持热能代谢平衡，堆温变化较小。在冬春季节长期通风条件下，玉米得以逐步干燥。当水分降到14.5%～15%时，即可脱粒转入粒藏。另一方面，新收获的玉米可在穗轴上继续进行后熟，使淀粉含量增加，可溶性糖分减少，品质得到改善。

穗藏法有挂藏和堆藏两种方法。挂藏是将玉米苞叶编成辫，用绳逐个连接起来，挂在通风良好且能避雨的地方贮藏。堆藏是在露天场地上用秫秸编成圆形或方形的通风仓，将去掉苞叶的玉米穗堆在仓内越冬，第二年再脱粒入仓。通风仓形状分为长方形和圆形两种。长方形容仓离地垫起0.5～1.0m，长度以地形而定，宽不超过2.0m，用木杆或高粱秸等制成；圆形的底部垫起0.5m，直径2～4m，高3～4m，用荆条编制品或高粱秸围成。贮藏时应注意，上部盖藏好，防止雨雪入仓，并选择地基干燥而通风的地点。

能力转化

1. 什么是“双低”贮藏？
2. 简述两种稻谷和小麦的贮藏方式。
3. 为什么说玉米难以贮藏，在玉米粒的贮藏中应注意些什么？

单元四

其他作物贮藏技术

学习目标

知识目标

使学生掌握各种豆类、禾谷类杂粮以及油料作物和薯类的贮藏特性和贮藏方法。

能力目标

1. 掌握常见小杂粮的各种贮藏技术。

2. 培养学生理论联系实际的能力。

知识准备

小杂粮是小宗粮豆的俗称，泛指生育期短、种植面积少、种植地区和种植方法特殊且有特种用途的多种粮豆，其特点是小、少、特、杂。

小杂粮的主要种类有：高粱、谷子、荞麦（甜荞、苦荞）、燕麦（莜麦即裸燕麦）、大麦、糜子、薏仁、籽粒苋以及菜豆（芸豆）、绿豆、红小豆（小豆、赤豆）、蚕豆、豌豆、豇豆、小扁豆（滨豆、鸡眼豆）、黑豆等。

小杂粮适应性强，在我国不论南方、北方，在沙滩薄地、丘陵旱地、沟坎、渠堰、路边都可以种植相应的小杂粮。我国小杂粮的主产区主要分布在内蒙古、河北、山西、陕西、甘肃、宁夏、青海、新疆、云南、四川、贵州、重庆、西藏、黑龙江、吉林等地。

山西省小杂粮栽培历史悠久，种类繁多，播种面积较大的有谷子、高粱等17种小杂粮作物，常年种植面积达133万 hm^2，约占全国的10%，每年总产量25亿kg，约占全省粮食总产量的1/4。其中，谷子、荞麦、燕麦、马铃薯总产量居全国前列。

小杂粮营养丰富，食味独特，可以加工制作花色繁多、味美可口的食品糕点；有的小杂粮还具有很高的药用价值和食疗保健作用；另外，有的小杂粮还可以作饲料和工业原料，用途十分广泛。随着人民生活水平的日益提高，人们为了调剂和改善生活，对小杂粮的需要量越来越多；在发展畜牧业生产和工业生产中，对小杂粮的需求量也日益增多。因此，积极发展小杂粮生产，提高小杂粮的贮藏水平，保证小杂粮的贮藏质量在当前越发重要。

项目一　豆类作物贮藏技术

豆类作物是农民对稻谷、小麦、玉米等主要农作物的补充，可粮菜兼用。豆类对土壤的适应性很强，能耐干旱、贫瘠、盐碱，可轮作、间作，可在田边地角种植，使土地得以充分利用。豆类制品经济价值较高。

任务1　蚕豆贮藏技术

知识准备

蚕豆又称胡豆、湖豆、湾豆、罗汉豆、南豆、佛豆、树豆、寒豆、坚豆、川豆或倭豆。它是豆科蚕豆属一年生或二年生草本。按豆粒大小分为小粒种、中粒种和大粒种。按种子颜色分为红色种和白色种两种，其中红色种早熟、茎高；白色种晚熟、品质好。北方地区春播秋收，华南地区冬播春收，江南和西南地区秋播春收。蚕豆以嫩豆粒、嫩豆荚或老熟豆粒供食用。

蚕豆子叶含有丰富的蛋白质和少量脂肪，种皮比较坚韧；蚕豆晒干后在贮藏期中很少有发热生霉现象，更不会发生酸败变质等情况。

正常的蚕豆一般为青绿色或乳白色，如保管不善，其种皮会变色。一般从内脐（合点）和侧面隆起部分先出现，开始呈淡褐色，以后范围逐步扩大由原来的青绿色转变为褐色、深褐色以至红色或黑色。据实际观察，蚕豆在高温季节变色多，低温季节变色少，通常经过一个夏季贮藏，变色粒便会显著增加，有时变色粒高达40%～50%；水分在11%～12%的一般变色较少，水分在13%以上的变色粒较多；在同一处贮藏，受日光照射的部位比没有受日光照射的部位，其变色粒要多15%以上，粮堆上层变色程度重于其他部位。一般认为这是因为蚕豆皮内含有酚物质和多元酚氧化酶，在高温、高水分条件下，氧化酶的活性加强，促进了氧化反应，加剧了变色过程。

蚕豆虫害主要是豆象，包括蚕豆象和绿豆象。严重时被害率最高可达90%以上。一颗豆粒中往往有数头害虫，蚕豆被吃成多个孔洞，被害的蚕豆发芽率降低，色泽品质变差。

任务实施

蚕豆的鲜品宜鲜销，干品耐贮藏。鲜销蚕豆运销过程中，用麻袋或筐包装，要避雨、防晒，以免变质。

蚕豆贮藏主要是防治蚕豆象和防止种皮变色。

1. 防治蚕豆象　蚕豆象的成虫当蚕豆开花结荚期在田间产卵孵化幼虫，到收获入库时，幼虫化蛹和羽化为成虫。因此，要求田间与仓内同时防治。首先在蚕豆开花期，此时正当成虫于田间交尾时期，抓紧田间杀虫以防止产卵；其次在收获以后 7 月底以前，此时正是幼虫发育和化蛹期，抓紧入库前后杀虫防止成虫羽化。

蚕豆贮藏多采用两种方法杀虫：

（1）开水浸烫法。将蚕豆放箩筐或竹篮里，浸入开水中浸烫 25～28s，边浸、边拌。取出后，放入冷水中冷却，然后取出摊晾干燥，此法杀虫效果可达 100%。但要注意：蚕豆的原始水分需在 13%以下，浸烫时间掌握在 30s 以下，烫后随即冷却晒干，否则会影响发芽力。

（2）药剂熏蒸法。将蚕豆密封在坛瓮里，投入氯化苦（三氯硝基甲烷）或磷化铝片剂，密封 72h 可杀死全部害虫。剂量按每立方米蚕豆 700kg 计算，用氯化苦 50～60g 或磷化铝 3 片。

2. 防止种皮变色　影响蚕豆变色的主要因素是光线、温度和水分。防止蚕豆变色，应做到避光、低温和干燥环境下贮藏。

蚕豆晒干后，利用干沙或谷糠等拌和，再进行密闭低温贮藏是较好的办法，这种方法使蚕豆相对处在干燥、低温、黑暗和隔离外部空气的条件下，有防止豆粒变色和抑制害虫发生的作用。主要有以下 3 种密闭方法。

（1）夹沙贮藏。先将仓房消毒，仓底用洁净无虫的干稻壳和席子铺垫，取除去石粒的干沙和蚕豆，分别在阳光下暴晒，使温度达到 50℃左右，蚕豆水分降到 12%以下，稍凉后即可入仓。入仓时蚕豆每层装入 20cm 深度后，即压盖沙子 10cm，最后用沙压顶密闭。使用这种方法贮藏豆种，直到播种时也无虫、无霉、无变色。

（2）拌糠壳贮藏。当蚕豆水分晒到 12%以下后，一筐豆两筐干燥的谷糠或麦壳的比例，将蚕豆与糠壳混匀拌和，囤底要垫一层谷糠，囤的周围和蚕豆堆表面都应加谷糠一层以防潮隔热，最后在顶上再加盖 30cm 左右的糠壳密闭贮藏，囤高以 1.5～2m 为宜。

（3）豆糠夹层贮藏。在蚕豆入库时，仓底先平垫 30～40cm 的干燥谷糠，倒上 10cm 厚一层晒干的蚕豆，再盖上 3～5cm 的谷糠，像这样一层谷糠一层蚕豆相间铺平，到适当高度时，最后再在蚕豆上压盖 30cm 左右谷糠密闭贮藏。

3. 注意事项

（1）贮藏时蚕豆水分需在 12%以下。

（2）贮藏所用谷糠干燥无虫，新鲜清洁，经常检查，发现结露返潮，及时调换；每次检查完毕，照原状覆盖严密。

（3）围囤边沿空隙部分灌注谷糠杜绝害虫通过。

任务 2　绿豆贮藏技术

知识准备

绿豆是粮中珍品，营养丰富，用途广泛，经济价值高。绿豆有种脐，种脐的一端有种孔，种孔是外界水分进入种子的通道，所以吸湿性强，易发热霉变和受害虫为害，严重时虫蚀粒可达 80%以上，严重降低食用价值。绿豆易变色，其原因是种皮内含有较多的单宁和多酚氧化酶，在空气、光照、水分、温度条件下易氧化变色。水分越大，温度越高，光照越强，空气接触面越大，变色越严重，品质相对降低。

任务实施

在绿豆贮藏中为害最大的是绿豆象。绿豆象习惯上被人们称为“豆牛子”，其成虫极为活跃，在交尾 10min 后即可产卵，卵产在绿豆豆粒中，每粒有卵 4～5 个。每个雌绿豆象可产卵 70～80 个，会很快将绿豆蛀成空壳，失去发芽力，甚至失去食用价值。因此，安全贮藏绿豆的关键就是灭除绿豆象。灭虫的最佳时间是绿豆收获后的 10d 内。

1. 高温处理

（1）日光曝晒。夏天地面温度不低于 45℃时，将新绿豆薄薄地摊在地面曝晒，每 30min 翻动 1 次，使其受热均匀并维持 3h 以上，趁热密闭贮存。其原理是仓内高温使豆粒呼吸旺盛，释放大量二氧化碳同时消耗大量的氧气，当容器内氧气含量降到 2%～4%时，绿豆象幼虫就会因缺氧而窒息死亡。

（2）开水浸烫。准备一锅沸水和一缸凉井水。在竹篮内装入薄薄一层豆粒，然后将豆粒浸入沸水中，快速搅拌 30～60s，立即取出再浸入凉水中冷却，最后放在太阳下晒干。这种方法杀虫比较彻底，而且能够保持豆粒颜色不变，可做加工用。

（3）开水蒸豆。把豆粒均匀摊在蒸笼里，沸水蒸 5min，取出晾干。由于此法伤害胚芽，故处理后的绿豆不宜留种或生绿豆芽。

（4）炒豆子法。用文火将铁锅烧热，然后把绿豆放入锅内，不断翻动，使绿豆均匀升温到 50℃左右（手摸绿豆烫手，但尚能忍耐），炒 5～6min 后，趁热将绿豆倒入干净的坛内，以装满为好，然后封闭贮存。此法既可杀灭虫卵，又不影响食用，更不会出现煮不烂的现象。

2. 低温处理　利用严冬自然低温冻杀幼虫。选择强寒潮过境后的晴冷天气，将绿豆在水泥场上摊成 6～7cm 厚的薄层，每隔 3～4h 翻动 1 次，夜晚架盖高 1.5m 的棚布，以防霜露浸浴，同时又利于辐射降温。经 5 昼夜以后，除去冻死虫体及杂质，趁冷入仓，关严门窗，即可达到冻死幼虫的目的。

● 生活小常识　家庭少量绿豆贮藏杀虫可用此法：把绿豆装入布袋后，扎紧袋口，置于电冰箱或冰柜冷冻室，控制温度在－10℃以下，经 24h 即可冻死幼虫。

3. 药剂处理　仓库内贮存大量绿豆时，可以利用某些化学药物毒杀绿豆象。常用药品有磷化铝、氯化苦、溴甲烷、二氯乙烷等。

（1）磷化铝处理。首先将绿豆扬净晒干，一律过筛，温度在 25℃时，每立方米绿豆用磷化铝 2 片，在密闭条件下熏蒸 3～5d，然后再曝晒 2d 装入囤内，周围填充麦糠，压紧，密闭严实，半个月左右杀虫率可达到 98%～100%，这样既能杀虫、杀卵，又不影响绿豆胚芽活性和食用。注意一定要密封严实，放置干燥处，不要受潮伤热，以免出现缺氧走油。

（2）酒精熏蒸。用 50g 酒精倒入小杯，将小杯放入绿豆桶中，密封好，1 周后酒精挥发完就可杀死绿豆象。

（3）拌植物油法。先将绿豆放入容器中，按油、豆比为 1∶100 倒入植物油（如豆油、花生油、菜籽油或棉籽油等），然后扎好袋口，反复颠倒，充分拌匀后即可贮存，这样在豆粒表面将形成不透水、气的薄油层，虫卵和幼虫会窒息死亡。此法经济、简单、效果好，无中毒危险。

（4）麦麸米糠覆盖法。绿豆晒干后，于下午太阳光较烈时将豆粒收起，放在密闭的干燥容器内，再用经过同样晒热后干燥的热麦麸或米糠覆盖严实，密闭 20d 左右。容器内极度干燥的环境，可杀死潜伏在豆粒内的幼虫。

（5）中草药拌和法。桃叶、槐叶、辣蓼、苦楝等中草药内含有某些活性杀虫成分，可任选一种晒干切碎后按 1∶100 的比例拌入绿豆内贮存。此法不仅防蛀效果好，而且不污染环境，对人畜无毒。

4. 注意事项

（1）绿豆不可密封贮藏于塑料袋中，因为这种包装材料不透气，绿豆在包装中呼吸会受阻，会抑制其生命活力，影响萌芽。

(2) 贮藏期间要注意保持通风，不能与化肥、农药、樟脑丸和机油、柴油、汽油等有害物质混放在一起。

(3) 注意作种子用或发豆芽的豆粒不要在水泥地面、铁板和油毡上暴晒，以防使绿豆失去生命力。

(4) 灭虫处理后的绿豆，要隔离贮藏，封好仓库，防止外来虫源再度产卵为害。另外，灭虫时绿豆必须晒干。

(5) 绿豆的水分应保持在14%以下。含水量过高，呼吸就会很旺盛，消耗的营养物质就会很多，同时还会释放出热量，造成蛋白质变质，尤其是夏季，1～2个月就会全部霉烂，不能食用。

(6) 最好在第二年春夏季节利用晴天再翻晒1～2次。

任务3 菜豆贮藏技术

知识准备

菜豆又名芸豆、架豆、四季豆、豆角等。菜豆在我国栽培面积广，东北和西北地区多春播矮生种和蔓生架豆，6～9月采收上市；华北地区春播矮生种和春、秋播蔓生架豆，5～10月采收上市；南方地区以春播为主，4～5月上市。菜豆营养丰富，蛋白质含量高于鸡肉，钙含量是鸡肉的7倍多，铁的含量是鸡肉的4倍，其所含的B族维生素也高于鸡肉。

1. 菜豆选择与采收标准 用于贮藏的菜豆，应选荚果肉厚、纤维少、种子小、锈斑轻、适合秋种的品种，如丰收1号、青岛架豆等。菜豆在花后10～15d，当荚充分长大，呈现出该品种的特点，荚皮脆嫩、无纤维化，荚果肉厚、无筋或少筋，籽粒无明显膨大时，为最适宜的采收期。采收过早，荚果过嫩，易失水萎蔫，品质下降快；采收过晚，籽粒膨大、纤维增加，荚皮硬、有筋，品质下降，从而失去贮运价值和食用性。菜豆贮藏多在秋季进行，早霜到来之前要及时采收，去除老荚、有病斑、有虫咬和断裂的菜豆，选鲜嫩的豆荚进行贮藏。

2. 预贮处理 菜豆采收后，易失水萎蔫、褪绿呈革质化；因物质转移加快，会使豆粒迅速膨大、老化，老化时豆荚外皮变黄，纤维化程度高，种子长大，豆荚脱水等；果皮易出现褐斑，俗称“锈斑”，影响菜豆的品质，严重时会失去食用价值。因此，菜豆采后要立即装入筐内并放在阴凉处预冷，散去田间热。预冷温度为9℃，时间以24h为宜，忌暴晒、雨淋。贮运前须进行挑选，将过老、过嫩、有病虫害和机械伤或畸形豆荚、带锈斑豆荚剔出，保留成熟适中、健壮的豆荚装入内衬百乐源物理活性保鲜袋的周转筐内，然后贮藏。

3. 贮藏条件　适宜的贮藏温度是控制菜豆贮藏中锈斑和腐烂的重要前提。菜豆最好保存在凉爽干燥的环境中。菜豆贮藏适宜的温度为 9℃±1℃。低于 8℃，豆荚容易发生冷害，虽然不同品种间存在一定差异，但一般在 0～1℃下超过 2d，2～4℃下超过 4d，4～7℃下超过 12d，都会发生严重的冷害，产生锈斑，有的还会发生水渍状斑点，以致腐烂；但温度高于 10℃以上时，又容易老化和腐烂。菜豆贮藏适宜的相对湿度为 95%，保持高湿（相对湿度 90%～95%）有助于豆荚保鲜和保绿。菜豆对二氧化碳较为敏感，二氧化碳过量积累也是导致锈斑发生的重要因素，1%～2%的二氧化碳对锈斑产生一定的抑制作用，但超过 2%浓度就会诱发菜豆锈斑的发生，同时加快细胞质脂膜过氧化的速度，积累大量的自由基和有毒物质，产生酒精味，严重时豆荚呈水渍状。

菜豆呼吸强度较高，贮藏中容易发热和造成二氧化碳伤害，应特别注意菜堆或菜筐内部的通风散热，以免造成老化和锈斑增多。所以，菜豆堆或菜筐中必须设有通气孔，在筐内或塑料袋内还可放入适量的消石灰，以吸收二氧化碳。

任务实施

菜豆的贮藏方法主要有以下 6 种。

1. 水窖贮藏　先在贮藏架上铺一层苇席，四周再用苇席围起，将菜豆摆放在里面。菜豆的堆放厚度一般为 30～40cm，每隔 1～1.2m 竖放一个用苇箔卷成的或竹子编成的通气筒，以利通风散热。菜豆表面应盖湿蒲席，每隔 5～7d 翻动一次。

2. 通风窖贮藏　菜豆装入荆条筐或塑料筐中入窖贮藏。为了防止水分散失，可先用塑料薄膜垫在筐底及四周，塑料薄膜应长出筐边，以便装好菜豆能将菜豆盖住。在菜筐四周的塑料薄膜上打 20～30 个直径为 0.5cm 左右的小孔，小孔的分布要均匀，在菜筐中间放两个竹子编成的直径为 5cm 的圆柱形通气筒，以利于气体交换，防止二氧化碳过多积累。每筐菜豆约装八成满，通气筒约露出菜豆 3cm，筐装好后放在菜架上。

菜豆入窖初期要注意通风，调节窖内温度，使窖温控制在 9℃±1℃，一般是夜间通风降温，白天关闭通风口。如菜筐内菜豆的温度高于窖温，应打开塑料薄膜通风散热。每隔 4～5d 对菜豆进行 1 次检查，贮藏 15d 以后就天天查看，发现问题及时处理。

3. 冷库贮藏　将菜豆装筐进行预冷处理，在库温 9℃±1℃，相对湿度 95%的条件下进行贮藏，贮藏中要注意通风换气，防止二氧化碳浓度过高而引起菜豆二氧化碳中毒。

4. 气调贮藏 将菜豆 10～15kg 装入垫有蒲席的筐，筐与蒲席事先用 0.1%的漂白粉水刷洗并晾干，然后用 0.1mm 厚的聚乙烯塑料薄膜套在筐外，薄膜上留有气孔，袋口的一端左右两个角各放 0.25kg 消石灰，并用绳子扎紧。用氮气将氧含量降到 5%，每日用仪器测定袋中氧气和二氧化碳的含量。如果氧气含量低于 2%，须从气孔充入空气使之升到 5%；如果二氧化碳含量高于 5%，须解开消石灰袋，抖出消石灰，使之进入筐外的底部以吸收多余的二氧化碳，控制筐内的氧气和二氧化碳含量在 2%～4%。如库温比较恒定，保持在 12～15℃，袋的内壁不出现水汽，菜豆可贮藏 30～50d。如果袋内有水汽，菜豆会出现锈斑，但种子并不长大，豆荚也不纤维化。在良好的控温库中，采用塑料袋小包装气调贮藏菜豆，贮藏期长达 60d。

5. 无滴膜帐贮藏 以无滴膜制作贮藏帐，帐的大小因贮量而定，一般每帐贮藏 200kg 为宜，帐内用消过毒的竹竿作支撑。帐面上焊接硅窗调气口，调节帐内湿度，以免湿度太大，引起腐烂。贮藏的容器最好用塑料筐或竹筐，装量距上口 8～10cm，以利气体流通。码筐时，筐与筐之间、筐与帐膜内壁之间都要留有间隙，筐下用饱和高锰酸钾溶液浸泡消毒过的砖或木架支撑。筐与地面的距离一般为 5～10cm，筐下用饱和的高锰酸钾溶液浸泡。每隔 4d 检查 1 次，该法贮藏菜豆，保鲜期一般为 20～30d。

6. 速冻贮藏

（1）工艺流程。原料选择→切段→清洗→驱虫→漂洗→漂烫→冷却→甩水→冷冻→包装→冷藏。

（2）原料选择。豆荚要求鲜嫩无筋，色泽鲜绿，无病虫害，无斑疤，无畸形，豆粒无明显膨大，荚条完整，大小适中，整齐一致，无机械伤和锈斑，无腐烂变质，成熟度已达到速冻保藏要求。不宜选用近地面豆荚，因此处豆荚畸形多，品质较粗。最好是采收不久的新鲜豆荚产品。

（3）切段、驱虫、漂洗。注意切段不要过多，以防止驱虫、漂洗时水浸入豆荚，否则会在冻结时胀裂，影响质量。切段后要立即进入下一步工序，以防发生褐变。豆荚中如有小虫，不易被识别，必须采用盐水驱虫，将豆荚放在 2%的盐水中浸 10～15min。在浸渍过程中，用笊篱翻动 2～3 次，豆荚中如有虫，就会浮出水面，捞出即完成驱虫。如果加工量大，盐水使用 2h 要更换 1 次，以保证有效浓度。驱虫完成后，漂洗以洗去盐分，然后将豆荚放在案子上进行复检，检出残留的不合格豆荚及操作过程中折损的豆荚以及外来杂质等。

（4）漂烫、冷却、甩水或淋水。为了防止速冻保藏过程中发生酶促褐变，在冻结前要用热水进行短时间的漂烫处理，即把清洗后的豆荚放入 100℃左右热水中，热烫 50～60s，在热烫中要不断搅拌，使热烫快速均匀。热烫时可添加一定量的氯化钠或氯化钙，防止产品氧化变色。待豆荚变成鲜绿色，无生豆味时，要迅速将豆荚捞出并放入3～5℃冷水中漂洗冷却，以减少热效应对原料品质和营养的破坏并使产品尽快冻结，也可采用冷水喷淋或冷风冷凉等方法进行冷却。切忌漂烫时间过长。

（5）速冻。豆荚在冻结前可捞入竹筐或塑料筐内沥去前处理过程中沾留在原料表面的水分，也可采用震荡机或离心机等设备沥去原料表面的水分，以免冻结过程中原料之间相互粘连或粘连在冻结设备上。然后就可将散体原料立即放入冻结盘或直接铺放在传送带上，送入冻结设备中进行冻结，一般要用－30℃低温在短时间内进行迅速而均匀地冻结。

（6）包装、冷藏。冻结后的产品要用聚乙烯塑料薄膜进行小包装（0.5kg/袋），同时进行装箱。然后放入与冻结温度相接近的低温冷藏库中保存。保藏时要求温度低而稳定。适宜的保藏温度为－21～－18℃，一般安全贮藏期为12℃下15个月。

（7）解冻。速冻菜食用前要经解冻，使其结晶冰融化并恢复鲜态后再烹调，解冻过程要快速，可放在冰箱、室温、冷水或温水中进行，也可直接放入开水中解冻，若用微波炉效果更好。蔬菜组织经冷冻作用在解冻后有较大变化，所以速冻菜一经解冻，应立即烹调，同时烹调时间宜短，更不能再行冻结保藏。

7. 注意事项

（1）贮藏前，最好先经过磷化铝或氯化苦熏蒸等灭虫处理。

（2）大量菜豆贮藏时，最好定时监测温度与含水量，至少每月1次。一旦发现菜豆堆内温度比秋天室外平均温度高出10℃以上，就应采取通风措施以冷却豆堆，直到温度至少降至4.5℃（短期贮藏）和－3.9℃（长期贮藏）

（3）为减少对菜豆豆粒的机械损伤，搬运操作时菜豆含水量最好控制在16%或者更高一些，并且要求温暖的环境。菜豆传送最好使用带式传送，这是由于带式传送过程中富有弹性，机械损伤少。粮堆高度大时，应该在粮仓中设置减压搁板，以防止豆粒表皮被挤压损伤。

任务4　豌豆贮藏技术

知识准备

豌豆又称青小豆、小寒豆、冷豆、麦豆、丸豆、淮豆、留豆、金豆、冬豆或麻豆。豌豆颗粒小呈球形，种皮不及蚕豆坚厚，因此在耐藏性方面就远不如蚕豆。豌豆按其用途可分为粮用豌豆、菜用豌豆，按其荚果组织可分为软荚和硬荚两种，软荚种以食嫩荚、嫩梢为主，硬荚以食用鲜嫩种子为主。豌豆在我国南北方都有种植，北方地区春播夏收；长江流域冬播春收或秋播春收，上海等地一年可三熟；华南地区夏播，11 月至翌年 3 月采收上市。豌豆在贮藏中经常发生的问题是豌豆象的为害。豌豆象是在豌豆开花结荚期间产卵在嫩荚上。幼虫孵化出来，侵入豆粒中，在豆粒中发育，化蛹，随着豌豆收获带入仓库，最后羽化为成虫，隐匿在仓库隙缝屋檐瓦缝里越冬。到次年豌豆开花期又飞到田间交尾产卵。

1. 采收要求　豌豆采收依利用目的而异，软荚种豌豆贮藏时应在豆仁及嫩荚组织均未发达时采收，供冷冻加工时，最好在豆荚幼嫩，荚内未发生空隙时采收，硬荚豌豆宜在豆仁饱满而幼嫩时采收。总之，作鲜菜用的嫩豆荚宜早采，在开花后 12～14d，嫩荚充分长大而柔软，籽粒未充分膨大时为适宜采收期；硬荚种以食籽为主，宜在开花后 15～18d，籽粒充分膨大、饱满，荚色由深绿变淡绿、荚面露出网状纤维时采收。采收过迟，豆粒中糖分下降，淀粉增加，风味差；采收早，虽品质好但产量低。

2. 预冷处理　作为以鲜粒供食的豌豆，应保持豆粒柔嫩鲜甜。但豌豆收获时已是高温季节，采后在高温下豆粒很快失去甜味及嫩度，豆荚老化。采收后应避免日射和风干，尽量放在冷凉处，以防呼吸量增高而品质退化。在贮温高于 6℃的情况下，虽仅经 24h，豆粒内的糖分就迅速转化合成淀粉，氨基酸的含量也显著降低，致使籽粒硬化、品质变劣。所以，豌豆采收后必须立即在 0℃左右预冷，并在此温度下冷藏。

3. 贮藏条件　作为以鲜粒供食的豌豆，豌豆贮期不宜过长，否则嫩荚组织老化褪绿。豌豆的适宜贮藏温度为 0℃，豌豆还极易失水萎蔫，贮藏时需要高湿条件，相对湿度以 95%～100%为佳，在低温和高湿条件下可贮藏 7～14d。贮藏中可采用聚乙烯薄膜包装。运输中以塑料泡沫箱包装，包装内放入简易蓄冷器，以保证包装内的豌豆有适宜的贮藏温度。如果用冷藏车或冷藏集装箱运输，可用筐做包装，车厢内必须保证适宜的贮藏条件。短途运输使用筐或麻袋包装均可，尽量避免雨淋与日晒。

任务实施

1. 防治豌豆象

（1）囤套囤密闭贮藏法。具体步骤如下：

①豌豆收获后，趁晴天晒干，使水分降到 14%以下。

②趁豌豆经曝晒温度相当高时趁热入囤密闭，再加上豌豆刚收获后，呼吸作用非常旺盛，产生大量热能，使在密闭期间温度继续上升达到 50℃以上

（如未达到，杀虫效果不可靠），经过一定时间，即可杀死潜伏在豆粒内的豌豆象幼虫。同时由于豌豆象在高温下强烈呼吸作用所产生的大量二氧化碳，也能促使其幼虫窒息死亡。

③入仓前预先在仓底铺一层谷糠（先经过消毒），压实，厚度应在 30cm 以上。糠面垫一层席子，席子上围一圆囤，其大小随豌豆数量而定。

④将晒干的豌豆倒进囤内，再在囤的外围做一套囤，内外囤圈的距离应相隔 30cm 以上。在两囤的空隙间装满谷糠，最后囤面再覆盖一层席子，席上铺一层谷糠，压实，厚度在 30cm 以上，这样豌豆上下和四周都有 30cm 厚的谷糠包围着，密闭的时间一般为 30～50d，随种温升高程度加以控制。

⑤豌豆密闭后的 10d 内，须每天检查种温，每隔 1d 检查虫霉情况，到 10d 以后，就可每隔 3～5d 检查 1 次。豌豆在密闭前后，均须测定发芽率。

此方法除囤边部位有时有很少数害虫未杀死外，其他部位能达到 100％的杀虫效果，而且经过这样处理的豌豆不降低发芽率。理化特性也不受影响，但必须抓紧在豌豆收获后尽快进行处理。

（2）开水热烫法。豌豆收获后，趁晴天晒干，使水分降到 14％以下。用大锅将水烧开，把晒好的豌豆倒入竹筐里，浸入开水中，速用棍搅拌，经 25s，立即将竹筐提出放入冷水中浸凉，然后摊在垫席上晒干贮藏。处理时要严格掌握开水温度，烫种时间不可过长过短，开水须将全部豌豆浸没，烫时须不断搅拌。

2. 豌豆贮藏保鲜技术

（1）豌豆采后处理。

①整理和清洗，采收后，把豆荚表面的泥土、豆荚间的杂质、畸形荚、残荚、病斑荚以及不合规格的豆荚去掉。以嫩籽粒供食用的则把不饱满籽粒、虫蛀粒、病斑粒，还有杂质等去掉，整理完以后再清洗干净。

②分级，豆荚或豆粒，其个体间的质量、大小、长短、粗细或直径等数量指标差异很大。为了确定商品质量标准，便于确定合理价格，各国都就上述指标划分了等级标准。应根据需要进行分级。

（2）贮藏保鲜技术。

①冷却贮藏法。把洗净的豆粒投入 100℃沸水中漂烫 2min 左右，捞起后立即放入冷水中冷却至室内温度、沥干水分装入塑料袋中，排出袋内空气，把塑料袋放入－25℃速冻库中，充分冻结后，存放在－18℃贮藏库内，可长期存放，以半年至一年为限。

②小包装贮藏法。将豆粒装入 0.01mm 厚的聚乙烯塑料袋内，每袋 5kg，密封膜口，袋内加消石灰 0.5～1kg，贮藏在库内，用 0.01mL/L 仲丁胺熏蒸

防腐，贮藏温度为8～10℃，每10～14d开袋检查1次，此法可贮藏30d。

能力转化

1. 蚕豆虫害严重豆粒易变色。虫害主要是________，包括________和________，这种虫分布很广，被害率最高的可以达到________以上。

2. 影响蚕豆变色的主要因素是________、________和________。

3. 贮藏时蚕豆水分必须在________以下。

4. 仓库内贮存大量绿豆时，可以利用某些化学药物毒杀豆象。常用药品有________和________等。

5. 绿豆的水分应保持在________以下。

6. 菜豆在花后________d，当荚充分长大，呈现出该品种的特点，荚皮脆嫩、无纤维化，荚果肉厚、无筋或少筋，籽粒无明显膨大时，为最适宜的采收期。

7. 菜豆最好保存在________的环境。菜豆贮藏适宜的温度为________℃。

8. 菜豆呼吸强度较高，贮藏中容易发热和造成二氧化碳伤害，应特别注意菜堆或菜筐内部的________，以免造成________和________增多。所以，菜豆堆或菜筐中必须设有________，在筐内或塑料袋内还可放入适量的________，以吸收________。

9. 菜豆速冻后能长期保藏是因为冻后低温可以________各种微生物的代谢活动，一些不耐低温的微生物受冻结低温的影响作用可能________。冻结低温还能使催化蔬菜体内各种生化反应的________活性受到抑制，降低了速冻菜内各种________的速度，从而延缓了蔬菜色泽、风味、品质和营养的变化。

10. 作为以鲜粒供食的豌豆，适宜贮藏温度为________℃，豌豆还极易失水萎蔫，贮藏时需要高湿条件，相对湿度以________为佳。

11. 简述豌豆的保鲜技术。

项目二　禾谷类作物贮藏技术

任务1　高粱贮藏技术

知识准备

高粱又称木稷、蜀秫、芦粟、荻粱。我国各地均有栽培。秋季采收成熟的果实，晒干除去皮壳用。籽粒中主要养分含量：粗脂肪3%、粗蛋白8%～11%、粗纤维2%～3%、淀粉65%～70%。高粱具有广泛的适应性和较强的抗逆能力，无论平原肥地，还是干旱丘陵、瘠薄山区，均可种植。高粱在我国的产量居于各粮种的第五位，是我国北方的主粮之一。山西省是高粱主要产区之一。高粱不仅可供食用，而且是酿酒、制糖、制作酱油、醋等的重要原料。

高粱果皮呈角质，种皮中含有单宁，有防霉作用，有利于贮藏。北方地区高粱种子收获时天气寒冷，不易干燥，新入库的高粱水分多在16%～25%；同时经常混入杂质，既易吸湿，又易堵塞种堆孔隙，造成通风不良，使粮堆内的湿热不易散失，在保管过程中容易发热霉变。高粱发热霉变的早期，粮粒表面湿润（出汗），颜色变得鲜艳，粮堆内逐渐结块发涩，散落性降低，检查时插粮温计所遇阻力加大。此时应及时进行处理，否则，经4～5d后粮面即生出白色菌丝，并有霉味，再经2～3d就会迅速发热霉变，胚部出现绿色菌落，严重结块，霉味加重，直至米粒变黑，产生严重的霉味和酒味，丧失食用品质。高粱发热霉变的全过程为15d左右，严重时粮温可达50～60℃。

高粱米的特点与大米相似，由于失去皮层保护，很容易受外界影响，吸湿返潮。高粱米水分过大，可以进行晾晒，最好是风晾降湿，不要在高温下晾晒。因为高粱米在强烈的阳光下暴晒，易引起裂纹和变味，煮饭时米粒破散，严重者能产生哈味。高粱米的含糖量一般较高，而脂肪含量也比大米高，因而在高温多雨的季节里极易吸温、脱糠、发热与霉变。

任务实施

高粱贮藏需要低温、干燥、除杂。针对高粱的贮藏特点，要做好贮藏工作，高粱收获后必须抓紧时机充分曝晒，降低其含水量，同时结合风扬清除杂质。晾晒后的高粱，凉透后方可入仓，不然入仓后易产生发热现象。入库时切实做到好次、干湿分开贮藏。实践证明，只要认真做好干燥、除杂和晒后摊凉工作，再利用冬季自然通风降温，春暖前进行密闭贮藏，一般均可安全度夏。

1. 除杂降水　高粱在收获脱粒后具有水分大、杂质多的特点，因此必须清选除杂，以保证种子的通透性，减少吸湿和虫病。新收获的高粱，在征购中要做到分水分、分等级入仓，对于不符合安全贮藏的高粱必须适时晾晒，使水分降到安全标准以内，如温度为5～10℃，相对安全水分应在17%以下。降低水分，使高粱米保持干燥，这是做好高粱贮藏的关键。

2. 低温密闭　高粱的特性是适于低温贮藏，因此，应充分利用寒冬季节降温后密闭保管，经过干燥除杂、寒冬降温的高粱，一般可安全度夏。高粱能否安全保管的关键是高粱米的水分大小，一定要在原粮未加工前，就把水分降下来。高粱米适于低温密闭保管，水分在13.5%左右，粮温在25℃可以安全度夏。温度低，水分可以适当放宽些，如东北地区采用－10℃低温冷冻办法，高粱水分在14%左右，糠杂较少，趁低温入库，一般可以过夏。

新加工出机米，温度高，一般有33～35℃，应摊晾降温后再行贮藏，否则易引起发热与霉变。除去高粱米中的糠和杂质，对安全贮藏有很大好处。糠、杂多的高粱米易吸湿，妨碍堆内气体交换，且有利于微生物和害虫的繁育。高粱米保管时间过长，会出现黏性降低、食味变劣等现象。因此，要注意“推陈贮新”。

任务2　谷子贮藏技术

知识准备

谷子，即粟，脱壳后即为小米。大地上生长的农作物多种多样，但统称为“五谷”，可见谷在农业中的地位之重。谷子碾出的小米，养育了古老的中华民族。谷子性喜高温，生育适温22～30℃，海拔1 000m以下均适合栽培，属于耐旱稳产作物。我国黄河中上游为主要栽培区，其他地区也有少量栽种。

谷子多种植在干旱地区，籽粒又小，容易干燥，一般水分较低，多为10%～13%，因此人们常认为谷子好保管。谷子的外壳比较坚硬，对虫霉的侵害能起到一定的保护作用。谷子的耐热性较强，虽然在烈日下曝晒，或初期发热，经加工后对米质无大影响。但谷子粮堆孔隙小，湿热不易散发，如果在收获季节遇雨，贮藏时水分较大时，仍然可以出现发热与霉变。谷子如入库时水分含量高或出现返潮现象，经3～4d即会发热，如能及时发现，及时通风晾晒，降低水分，尚可制止发热，否则粮温会继续上升，并逐渐霉变结块成团，完全失去食用价值。

小米含蛋白质9.7%，脂肪1.7%，碳水化合物77%。在每100g小米中，含有胡萝卜素0.12mg、维生素B_1 0.66mg、维生素B_2 0.09mg及烟酸、钙、铁等。小米适宜老人孩子等身体虚弱的人滋补，常吃小米还能降血压，防治消化不良、补血健脑、安眠等功效。还能减轻皱纹、色斑、色素沉积，有美容的作用。

由于小米失去了保护层，籽粒较小，粮堆孔隙度小，杂质多，粮堆内外气体不易交换，并且粮内含糠多，而糠内又含有较多的脂肪，因此易变质，特别是在粮温较高的情况下，容易发热变哈。如小米保管不当返潮或温度和水分偏高时，就会发热霉变。在发热初期粮面湿润，4～5d后颜色显著变浅，失去光泽，产生脱糠现象，粮堆内开始结块，个别米粒开始生霉，粮温很快上升。再经3～5d后，米色变深褐色，产生浓霉味，影响食用。

任务实施

据实践经验，谷子水分在12.5%以下，一般可安全过夏。谷子和其他秋粮一样，入库后正值气温下降季节，要抓住有利时机，进行降温、降水、除杂，趁冷入库，密闭保管等处理。

小米贮藏时应过筛除去糠杂。小米不耐高温，应采用低温密闭法。也可存放在阴凉、干燥、通风较好的地方。小米的安全水分应控制在12%以下。小米水分过大时，不能曝晒，只可在仓内阴干。所以加工小米应将谷子的水分降至安全标准后再加工。贮藏后应加强检查，发现小米有吸湿脱糠、发热等现象时，要及时通风过筛，除糠降温，否则容易造成霉变。

谷子一般不易生虫，但容易遭到蛾类幼虫等为害，发现后可使用磷化铝进行熏蒸杀虫处理，农民或城镇居民家中少量的小米，在容器内放一袋新花椒，即可免受蛾类为害。

任务3 荞麦贮藏技术

知识准备

荞麦为一年生草本植物，生育期短，抗逆性强，极耐寒瘠，当年可多次播种多次收获。荞麦在肥沃土壤上较其他粮食作物产量低，但特别适应于干旱丘陵和凉爽的气候。荞麦碳水化合物含量高，蛋白质含量约为11%，脂肪2%，并含少量维生素 B_1 和维生素 B_2。因其含丰富营养和特殊的健康成分颇受推崇，被誉为健康主食品，人们视之为理想的保健食品，尤其是对高血压、冠心病、糖尿病、癌症等有特殊的保健作用。

荞麦收获后，处于晚秋季节，为防止荞麦入库后仓温升高与变质现象发生，最好将荞麦籽粒的含水率降至13%以下。

任务实施

含水率较高的荞麦可采用低温方式贮存。荞麦贮藏过程中应注意避免以下现象的发生。

1. 雨、露、水湿荞麦籽粒的处理 雨、露、水湿荞麦籽粒的呼吸作用较强，附着的微生物亦多，容易发热和霉变。遭到雨淋含水率在14%以上的荞麦籽粒，在气温较高的夏季，即使袋装单批堆放，经常通风，也会变质。为保管好雨湿荞麦籽粒，最好进行晾晒或烘干。晾晒和烘干不仅降低水分，同时还能杀菌。

2. 发热的处理 发现荞麦籽粒温度失常后，不论是因后熟作用或含水率高所引起，均应立即处理，以减轻变质或避免变质。处理方法最好是晒干或烘干。如无条件及时晾晒或烘干，应立即摊晾，降低麦温，散失水分。

3. 霉变的处理 荞麦霉变后，品质降低，气味变劣。极少量霉变荞麦籽粒混入正常荞麦中，能使全部荞麦的加工产品带有异味。所以霉变后的荞麦，即使为数不多，亦应立即晾晒或烘干，单独存放，另作处理。绝不能混入正常荞麦中，因小失大。

4. 仓虫的防治 彻底清理仓房，杜绝虫源；收后晾晒彻底，防仓虫发生；荞麦生虫后，夏季“晒热入仓”，冬季低温冷冻杀虫，也可用熏蒸剂杀虫。

任务4 莜麦贮藏技术

知识准备

莜麦是燕麦的一种，学名为“裸粒类型燕麦”或“裸燕麦”，原产中国的燕麦品种。华北称之为“油麦”，中国西北称之为“玉麦”，中国东北称之为“铃铛麦”。莜麦喜寒凉，耐干旱，抗盐碱，生长期短，所以山西莜麦的主要产区在晋西北，全省种植面积约为 17 万 hm^2，总产量 14 万～15 万 t，占全国的 10%。在中国众多莜麦品种中，以山西“五寨三分三”为最佳莜麦品种。这个品种自成体系，茎秆粗壮，根系发达，分蘖力强，穗形长大，粒大饱满，且面白、味美、耐饥。

莜麦是营养丰富的粮食作物，在禾谷类作物中蛋白质含量最高，蛋白质含量平均达 15.6%，分别高出大米 100%、玉米 75%、小麦面粉 66%、小米 60%，8 种氨基酸组成较平衡，赖氨酸含量还高于大米和小麦面粉；脂肪和热能都很高，脂肪是大米的 5.5 倍、小麦面粉的 3.7 倍。莜麦含糖分少、蛋白质多，是糖尿病患者较好的食品。又因脂肪中含有较多的亚油酸，是老年人常用的食疗食品。

莜麦是在冬季收获入库，气温下降到 0℃以下，在晒场上碾打、晾晒时，易混入冰雪。在保管的过程中，粮质差，杂质多，通风不良，又混入冰雪，莜麦自身呼吸所产生的水分和热量得不到及时散失而积蓄起来，使混入莜麦内的冰雪融化，会促使莜麦水分剧增，呼吸旺盛，微生物大量繁殖，迅速导致莜麦发热霉变。

莜麦发热霉变比一般谷类粮食进行迅速。发热的早期茸毛脱落，粮粒失去光泽。粮温高，如不及时处理，3～5d 即可导致霉变事故，轻者味苦，营养价值下降，重者全部霉烂，不能食用。莜麦霉烂后呈灰褐色，用手轻碾即成细灰。

任务实施

莜麦在整晒的过程中要防止混入冰雪，预防的方法是：在风雪天要将晒场上的莜麦拢堆覆盖，防止冰雪混入粮堆；场上粮堆如有结露现象，应充分摊晾后再装袋，入仓时严加检查，防止混有冰雪的莜麦入仓。

莜麦的贮藏主要应把好水分、杂质两大关。水分应在13%以下，杂质应不超过2.5%。由于莜麦产于高寒地区，应尽量利用当地自然气候“寒冷、干燥、风大”的特点，在水分杂质达到要求后，对莜麦实行低温密闭贮藏，充分利用冬季和早春的低温，入夏后进行密闭保管，并应对仓房采取一些隔热措施，以保持低温效果。在莜麦保管的整个过程中要加强检查，发现问题，及时处理。莜麦的籽粒没有果皮保护，皮层很薄，容易损伤，易招致虫、霉的侵蚀。降低含水量可减轻螨类为害。螨类严重时，可用磷化铝间歇熏蒸的方法防治。

任务5 其他禾谷类作物贮藏技术

知识准备

1. 大麦的贮藏 大麦的贮藏特性和小麦基本相同，贮藏方法也是基本相似，大麦一个主要用途是作为制造啤酒的主要原料，要求有较高的发芽率。

大麦和小麦一样较耐高温，可以采用曝晒后热入仓高温密闭的贮藏方法，一般粮温在40℃以上15d可杀死害虫，并对发芽力无影响，但若高温密闭时间超过一个月，将会影响发芽力，使经济价值降低。

大麦由于有谷壳保护，比小麦有利于贮藏，在贮藏时应尽量清除杂质，以提高贮藏的稳定性。由于贮藏的大麦应保持较高的发芽能力，在贮藏时，不宜长久密闭，应适时通风，以保持它的微弱呼吸。贮藏水分宜比安全水分低1%。生虫时，可使用磷化铝进行常规熏蒸，不会影响它的发芽力。

2. 薏（仁）米的贮藏 薏米干燥后水分含量在12%左右方可入库贮存。贮存应选择干燥、通风、凉爽的场所，防潮防虫。薏米易生虫，有条件的地方最好进行熏蒸。

相对其他杂粮而言，薏米胚部含油丰富，很难贮存。保存薏米需要遵循低温、干燥、密封、避光这四个基本原则。其中，低温是很关键的因素。常温贮藏过夏，会有一股“哈喇”味。

一般贮藏不超过6个月。家庭食用薏米最重要的是，开袋后尽快食用，如有剩余，应采用密封夹，夹紧包装袋，放进冰箱冷藏。

3. 黑米的贮存 低温与防护剂防治害虫相结合，具有长期防虫保鲜的效果。在20℃左右的温度中，只能延缓害虫害螨的有效积温时间，不能完全抑制害虫的发育繁殖，特别是害螨更能耐低温。如果在黑米中加入惰性粉（如蛙藻土）或植物性防护剂，既利于防虫保鲜，又免于化学药剂的污染。还可以利用新型材料研制的包装，在袋中充入氮气、二氧化碳或抽真空贮存黑米，并置于低温环境中，能保持长期防虫保鲜的效果。

能力转化

1. 高粱贮藏需要________、________、________。

2. 高粱米水分过大，可以进行晾晒，最好是________，不要在高温下晾晒。因为高粱米在强烈的阳光下暴晒，易引起________和________，煮饭时米粒破散，严重者能产生哈味。

3. 据实践经验，谷子水分在________以下，一般可安全过夏。

4. 小米贮藏时应过筛除去________。

5. 贮藏后应加强检查，发现小米________、________等现象时，要及时通风过筛，除糠降温，否则容易造成________。

6. 莜麦的籽粒没有________保护，________很薄，容易损伤。易招致虫、霉的侵蚀，特别是________的危害。

7. 莜麦的贮藏主要应把好________、________两大关。水分应在________以下，杂质应不超过________。

8. 螨类为害严重时，可用________间歇熏蒸的方法防治。

9. 大麦在贮藏时应尽量清除________，以提高贮藏的稳定性。由于贮藏的大麦应保持较高的发芽能力，在贮藏时，不宜长久________，应适时________，以保持它微弱的呼吸。贮藏水分宜比安全水分低________。

10. 保存薏米需要遵循________、________、________、________这四个基本原则。其中，________是很关键的因素。

项目三　油料作物贮藏技术

任务1　大豆贮藏技术

知识准备

大豆又名黄豆，是我国主要的油料作物之一，大豆含有丰富的蛋白质和脂肪，脂肪不吸水，籽粒中的水分都集中在非脂肪部分。因此，在同样水分下，大豆中非脂肪部分的含水量比一般禾谷类粮食的相对要高，且大豆中的蛋白质是一种亲水物质，在潮湿的环境下极易吸水，大豆种皮的芽孔较大，在相对湿度较高时，大豆的吸湿性比玉米、小麦都强，平衡水分也比玉米、小麦高，所以大豆在贮藏时要特别注意防潮。特别是过夏时，大豆更容易丧失发芽力，水分越高，温度越高，发芽力丧失得就越快。在高温下贮藏大豆能引起大豆变色，在靠脐的部位颜色变红，之后红色变深和扩大，一般称为“红眼”或“赤变”，并且会产生“走油”，子叶变得蜡状透明。变色和走油的大豆，出油率减少，如做豆腐则有酸败味。大豆粒圆，种皮光滑，籽粒坚硬，抗虫、霉能力较强，但破损的大豆易于变质。

任务实施

贮藏的大豆关键是要抓干燥和低温。降低大豆的含水量，是大豆安全贮藏的重中之重。一般过夏长期贮藏的大豆，华北地区其含水量要控制在12%以内，黑龙江控制在13%以内，超过这个含水量则容易发霉，并且有霉变的危险。

1. 晾晒降水，通风散热

（1）新收获的大豆含水量较高，可以通过日晒来降低水分，但最好采取低温摊晾，如日光较强，在晒粮面上可覆盖一层席子，以免影响品质。

（2）大豆的干燥还可采取带荚晒干，脱粒后再进一步晒干的方法。它有利于保护大豆光泽，也可防止或减轻大豆走油。

（3）大豆也可采用烘干降水的方法干燥。但烘干易使大豆产生焦斑、破皮或光泽减退，大豆烘干温度不宜过高（一般低于60℃），否则易引起蛋白质变性。

（4）新收获的大豆有后熟作用，生理活动比较旺盛，粮堆内部湿热容易积聚，同时正值气温下降季节，极易产生结露或水分转移的现象，所以应加强通风，及时散发湿热，防止造成发热霉变。

2. 低温密闭贮藏　温度是影响大豆贮藏的重要因素。温度低于20℃不易生虫。因此，大豆贮藏温度应控制在20℃以下。

将符合安全水分标准的大豆，在冬季气候干燥和低温条件下，对其出风或倒仓，并结合筛除杂质1次，将大豆温度降低后再入库贮藏，并压盖密闭以保持其低温状态。这样能防止大豆的吸湿增水、走油和赤变。

3. 控制适宜的贮藏期　随着贮藏期的延长，大豆中的脂肪酸值升高，油脂被氧化酸败，导致大豆变质，产生异味，所以大豆的贮藏期限应根据其含水量和用途不同灵活把握。大豆含水量在16%左右的，可以越冬；含水量在15%左右的，一般可以保管到6月；含水量在13%左右得可保管到7月；含水量在12%左右得可以过夏，但对于发芽用大豆，水分应保持在11.5%左右。

任务2 油菜籽贮藏技术

知识准备

油菜籽难于贮藏，往往无任何早期征兆，仅一夜之间即全部发热霉变，甚至完全丧失使用价值，群众称这种现象为“一夜穷”。

油菜籽皮薄肉嫩，吸湿性强。胚成熟较早，在植株上就具有发芽能力。籽粒细小，粮堆的湿热不易消散。因此高水分的油菜籽发芽、发热、霉变很快，菜籽堆中的温度有时可高达70～80℃，是其他种类的粮油所罕有的。

油菜籽发热初期，种皮出现白色霉点，然后种皮变白，但子叶仍保持淡黄色，这时影响出油率还不明显；若子叶变红发酸，则出油率会下降；如结块，且有酒味，则会严重影响出油率。总之，油菜籽发热霉变生芽后，出油率降低，油的质量变劣，酸价增高。油菜籽一般都不做长期保管，收获后，大都争取早日榨油。因为菜籽贮藏稳定性差，不如加工成油好保管。再者油料饼是农作物的重要肥料，早加工也有利于农业生产。

任务实施

油菜籽安全保管的关键，就是要严格控制其水分。油菜籽水分必须控制在8%以下，才能安全保管；水分超过10%，在高温季节就会结块；在12%以上时则能霉变成饼。

我国油菜籽主产区在长江流域各地，收获时，时间紧，数量大，又值梅雨季节，往往连续阴雨，水分大都在20%以上，高的可达50%左右，甚至带水入库，因此必须采取应急措施。

1. 日晒降水 在新菜籽收获时，若天气正常，要抓紧干燥降水；高水分油菜籽降水，应以日晒为主。油菜籽吸湿容易，散湿也快，晴天出晒，薄摊，勤翻，1d可降水5%左右，且不影响出油率和发芽率。日晒时，一定要先将晒场晒热后再铺菜籽。这是因为菜籽籽粒细小，晒场未热则上层籽粒与下层籽粒易吸热散湿不均，入仓后容易变质。

2. 其他降水方法

（1）有条件的地方可采取烘干办法。

（2）采用磷化铝熏蒸密封贮藏和自然缺氧贮藏处理高水分油菜籽，这些方法虽然使品质略有降低，但可以保持2～3周内不发热霉变生芽，赢得时间，伺机出晒或烘干。

利用一切能够起密封作用的材料和容器，如塑料薄膜、水缸、水泥池等。先将油菜籽装在容器内，采用磷化铝熏蒸，用药量为每立方米3～4片，用以杀灭或抑制霉菌繁育，制止发热和生芽。已发热的能迅速降低粮温，已生芽的能迅速萎缩。然后，用纸封糊或用烂泥压封，不使漏气。由于油菜籽的呼吸作用消耗粮堆氧气，产生大量二氧化碳，最终达到绝氧状态，从而能使油菜籽在2～3周内暂时稳定。磷化铝熏蒸不会给油品带来残毒问题，也不会影响油的食用品质。

密封期间，帐幕内常出现结露，形成大量水珠，甚至帐幕周围会发生积水现象，但只要密封良好，一般不会导致菜籽生芽霉烂。密封开始时，最初1～2d菜籽温度可能上升，这是由于开始有氧呼吸产生大量热量所致，随着氧气浓度的下降，粮温也会逐渐降低。密封几天之后，在绝氧或接近绝氧的情况下，因水分很少，油菜籽堆表层会产生白色菌丝，但对菜籽影响不大，在压榨加工前晾晒即可消失。在密封过程中，霉菌并未死亡，油菜籽的生活力也未完全丧失，只是暂时被抑制，因此一旦启封，在有氧的状况下，发热霉变生芽会迅速出现。因此，天气转晴时，应集中人力物力进行拆晒，但应晒多少拆多少，随拆随晒，不能耽搁。

任务3　花生和花生米贮藏技术

知识准备

花生收获时节正值晚秋，气温较低，刚收获的花生含水量特别高，收获过晚，则易发生冻害，影响品质。因此，适时收获，及时干燥、清理对花生的安全贮藏十分重要。花生米如用强烈日光曝晒，则容易裂皮变色，并易在贮藏期间走油酸败，食味变哈，在曝晒过程中由于多次翻动，破碎粒就会增加很多，所以花生适合带壳曝晒。

花生干燥不彻底或在贮藏中吸湿，就容易生霉。花生水分超过10%，花生米超过8%，进入高温季节时就容易发热生霉。霉变的花生米，还可能受到黄曲霉菌的感染，产生黄曲霉毒素，这种毒素有致癌作用。

由于花生种子含有大量的蛋白质、碳水化合物等亲水物质，在贮藏过程中，很容易吸收空气中的水分，使呼吸作用增强，消耗养分，放出大量的热能使种子堆温度升高，种子受热发霉变质，丧失使用价值。

花生米一般含油量在45%以上，贮藏中较不稳定，水分8%的花生在温度为20℃时尚基本稳定，但温度增高到25℃，酸度就会明显增加，并开始走油，过夏时会产生走油变哈的现象，并且花生米比花生更为不稳定。因此，贮藏花生比贮藏花生米效果好，但花生要占据仓库较大容量。低温、干燥的条件对贮藏花生也是有利的。

任务实施

花生要适时收获，及时干燥。特别是种用花生，应在保证成熟适度的前提下，做到适当早收，以免受冻，丧失发芽力。

花生收获后，将带荚果的花生植株倒植在田间晾晒 2～3d，以利促进后熟和风干，然后摘果，平摊晒果。当荚果晒到口咬发脆、手摇有响声、剥开荚壳手搓种皮易脱落时，含水量一般在 10%以下，即可入库贮藏。这样不仅降水效果好，干燥快，而且有利于养分的转移，促进后熟，保持优良的品质，有利于安全贮藏。

长期贮藏过夏的花生，水分应在 10%以内。由于花生的吸湿性比较强，已经干燥的花生应在冬季通风降温以后，趁低温密闭贮藏。水分在 10%以上的花生，要经冬季充分通风干燥以后，再入仓密闭贮藏。花生入仓初期，尚未完成后熟作用，呼吸比较旺盛，应加强通风、散热。

花生米由于失去了荚壳保护，与花生相比，更难于贮藏。长期贮藏的花生米水分必须在 7%以内。干燥的花生米入仓以后，应在春暖以前趁低湿密闭贮藏，并保持低温。有条件的应该将花生米贮存在恒温库中贮存在有排潮风扇的冷风库，温度控制在 4～10℃，因为在这个温度段，花生内的油脂理论上已呈固态，花生米自身的新陈代谢极缓慢，酸价几乎不上升；控制相对湿度在 80%以下。在此温湿度条件下，不用任何药物，虫害概率很低，如果实在不放心可以让仓库定期进行熏蒸（半年一次就行了），黄曲霉在这个条件下一般不会产生黄曲霉毒素，花生米酸价也不会明显升高。

花生或花生米在夏季容易生虫，如印度谷蛾、粉斑螟对花生的为害较重。生虫的花生，可用磷化铝药剂熏杀。农村少量的花生最好在冬季风晒干燥，在入夏前利用缸、坛、箱、柜等低温密闭保管，也可用干河沙、草木灰等压盖保管。

总之，花生在贮藏期间，必须干燥、通风，发现含水量超过安全界限或种堆温度升高，就应及时翻仓晾晒，以确保花生的安全贮藏。

任务 4　芝麻贮藏技术

知识准备

芝麻主产于河南、河北、安徽、湖北等省，芝麻含油量高，籽粒小，皮薄肉软极易吸湿。芝麻降水速度也很快，在湿度较低（50%～75%）时，风晒几个小时，水分就能降至7%以下。

芝麻中含有天然抗氧化剂，称为芝麻素，它保护了芝麻中的油脂，使它不氧化变哈，所以芝麻较耐贮藏。芝麻经高温日晒，不会影响其发芽率和出油率，但长时间在30℃以上高温下贮藏，会影响其发芽力和脂肪的品质。

芝麻往往杂质含量较高，主要是因为芝麻籽粒小，混杂的细沙土不易清除的原因引起，也造成其密度大，孔隙度小，使热量不易散失，而不利于安全保管。

芝麻收获时，要注意植株不要带根。如天气允许，要让植株充分干燥后再行脱粒。脱粒后籽粒的水分高低不一，应风晒降水后才能进行保管。如芝麻原始水分偏高或在贮藏期间吸湿返潮，则会出现发热霉变，芝麻的化学成分被分解，酸价增大，过氧化值增加，含油量减少，出油率下降，会有哈喇味。

任务实施

1. 低温干燥贮藏 芝麻的安全贮藏主要取决于水分和温度。据经验，芝麻水分在7%以下，杂质不超过1%，堆高2m，粮温不超过33℃的条件下，可以安全过夏；水分不超过8%时，在秋、冬季能做短期贮存，但开春后应抓紧降水。但种用芝麻的水分必须在7%以下，粮温以25℃以下为好，最高不要超过30℃。

2. 防虫害 芝麻容易发生印度谷蛾、粉斑螟等蛾类及书虱和螨类等害虫的为害。农村少量的芝麻在3月份以前，可风晾一次后利用缸、坛、箱、柜低温密闭贮藏，也可用草木灰压盖保管。这样不仅防虫效果好，而且对保持芝麻的含油量、出油率和油脂品质都有良好效果。

任务5 棉籽贮藏技术

知识准备

棉籽比一般的粮食油料都好贮藏，棉籽具有坚硬的外壳，壳外有短绒，壳与仁之间具有空气层，棉仁含油量在20%左右。棉籽具有良好抗潮抗压性能，散落性小，导热性低。霜前收获的毛棉籽质紧仁饱，水分低，棉绒长，易保管，可长期贮藏；霜后采下的棉籽，壳软仁瘪，水分大，不宜长期保管。因为棉籽相对密度小，占贮藏空间，所以有不少地方进行露天贮藏。

任务实施

长期贮藏的棉籽，水分应在12%以内，可利用冬季低温作垛或仓内贮藏。棉籽的安全水分，冬季为14%，春秋季为13%，毛棉籽比较抗潮、抗压，可进行露天贮藏，但脱绒棉籽或种用棉籽，仍应在仓内贮藏。

少量棉籽可用仓房贮存；如有大量棉籽，仓房又较紧张，则可露天堆存。露天堆存要选地势高燥、通风、排水良好的地基，做好垛脚，并将棉籽水分降到10%以下，然后选择气温较低的天气进行堆垛。

堆垛的底部一般呈长方形，上部椭圆形，大垛可堆100t，小垛50t左右。堆垛时采用边踩边打一次成垛法，将选好的棉籽摊在长方形的垛位上，逐层将垛四周踩实拍紧，从下向上逐渐收缩，下宽上窄。堆高到4m左右时，将顶收成椭圆形，以利于雨水的下泄。棉籽垛堆好后再用稻草编成草帘，折成双层，距垛底20cm高，沿着垛的四周插入，成垂坡形贴在垛底上，以承接垛上的流水，防止水分渗入垛底。须注意的是，垛面由于受雨，经过干湿变化，容易变松，鸟雀的取食也易造成垛面不平整，故须在贮藏期间勤做检查，发现问题及时处理。

能力转化

1. 贮藏大豆在关键是要抓________和________。降低大豆的________，是大豆安全贮藏的重中之重。一般过夏长期贮藏的大豆，华北地区其水分要控制在________以内，超过这个水分则容易发霉，并且有霉变的危险。

2. 新收获的大豆有________作用，生理活动比较旺盛，粮堆内部________容易积聚，同时正值气温下降季节，极易产生________或________的现象，所以应加强________，及时散发湿热，防止造成发热霉变。

3. 大豆贮存收藏温度应控制在________以下。

4. 油菜籽安全保管的关键，就是要严格控制其________。油菜籽水分必须控制在以下，才能安全保管；水分超过________，在高温季节就会结块；在________以上时则能霉变成饼。

5. 长期贮藏过夏的花生果，水分应在________以内。

6. 长期贮藏的花生米水分必须在________以内，控制温度在________℃。

7. 花生或花生米在夏季容易生虫，特别是________，其次是________，对花生的危害最重。生虫的花生，可用________药剂熏杀。

8. 芝麻的安全贮藏主要取决于________和________。据经验，芝麻水分在________以下，杂质不超过________，堆高________m，粮温不超过________℃的条件下，可以安全过夏。

项目四 薯类作物贮藏技术

任务1 甘薯贮藏技术

知识准备

甘薯又称地瓜、红薯、红苕、白薯，是一种难于贮藏的粮食。甘薯块根皮薄、肉嫩、水分高、糖分多、易碰伤，因此不利于长期贮藏，并且易受病菌侵害而腐烂。最常见的病害是黑斑病和软腐病。

甘薯对温度十分敏感，既怕热又怕冷。如长时间处于温度15℃以上，不但易生芽，而且抗病力降低；如温度处于9℃以下，时间长了又会发生冻害，抗病能力减弱，病菌容易侵入，在温度上升时，即可迅速腐烂。

甘薯对湿度也很敏感，当空气湿度低于80%时，易失水，发生糠心并且易遭病害；过分潮湿，也会导致病菌繁殖，发生腐烂。因此，贮藏甘薯时温湿度都应当适宜，并且保持稳定，避免骤升骤降。

另外，甘薯入窖后，如长时间不通气，薯块受闷，也会导致甘薯抗病力减弱，引起腐烂。因此，甘薯的贮藏的根本问题是一个防病、防腐烂的问题。

任务实施

甘薯的贮藏技术核心是根据甘薯的生理需要，控温、控湿和通气，防止贮藏的甘薯发生病害和烂窖。根据甘薯的特点，贮藏时应抓三方面的工作：

1. 薯窖的准备 农村中多用窖藏贮藏甘薯，如井窖、洞窖、半地下窖等。为了防止病菌感染，在入窖前，应对薯窖进行清洁消毒，特别是旧窖，里面往往残留有烂薯和柴草，更应做好消毒工作。消毒以前，先打扫干净，再将窖壁土铲去一层；有条件的可用石灰浆涂刷墙壁，点燃硫黄熏蒸或按500g福尔马林加水25kg的比例进行喷洒消毒，也可用艾蒿熏烧。

2. 甘薯的准备和入窖 甘薯的质量，直接影响到贮藏安全。首先甘薯应适时收获，我国甘薯种植区较广，自然条件复杂，霜期不一，大体在寒露到霜降期间收获为宜。早收会影响产量和质量，迟收又易受霜冻。收刨时最好在晴天并注意不要损伤薯块。在运输装卸过程中，要轻装、轻运、轻卸，甘薯入窖时，应轻拿轻放，进行挑选，病虫块和损伤薯块不宜入窖，带有湿土的薯块应先风干。

窖内甘薯不可装得太满，一般不超过 1/2 为宜。甘薯应分层堆放，层间撒上干沙土，并应留出通气孔洞。为防止贮藏期间发生病害烂窖，入窖时可用托布津等杀菌剂浸泡消毒，方法是，500g 托布津兑 500kg 水，可处理甘薯 5 000kg左右。处理时将甘薯小心放入筐内，在药液中浸过滤干，即可入窖。也可用抗菌剂“401”处理，方法是：在甘薯入窖后，在薯堆上盖一层稻草，按“401” 100g 加水 2.5kg，处理 600kg 左右的用量，把药喷在稻草上，封窖 4d 后，取出稻草再敞窖通风。

3. 入窖后的管理 甘薯从入窖到封窖为贮藏前期。在这个阶段中，甘薯呼吸十分旺盛，窖温升高快，水汽也多，同时病害发展也较快，特别是黑斑病的发生是甘薯前期窖藏的主要问题。在此期间如果管理不当，往往入窖后20～30d 就会发生烂窖。因此，在入窖初期，应以通风散热为主，把窖温控制在 15℃左右，特别是黑斑病重病区，窖温不能过高。

寒冬季节为贮藏中期。甘薯在此期的变化是生理活动减弱，呼吸作用由旺盛趋于平缓，窖内温、湿度变化也减少，气温下降，天气转冷，甘薯也易受冻害。因此，应及时封窖保温，使窖温保持在 10～14℃的安全范围内，否则将会造成甘薯品质下降，抗病力减弱，引起腐烂。

立春之后，气温开始上升，此期为甘薯的贮藏后期，此时甘薯的生理作用又开始加强，要适当敞窖通风降温排湿，否则会发芽或腐烂。

总之，不论贮藏的前期、中期、后期，均要因时因窖制宜，做到敞中有盖，盖中有敞，敞盖结合。敞窖和盖窖都是为了调节窖内温湿度，因此，敞或盖主要是根据窖温和气温来决定，目的是把窖温控制在 10～14℃，窖湿控制在 80%～90%，以保证甘薯的安全贮藏。

任务 2　薯干贮藏技术

知识准备

薯干是甘薯切片晒干后的半成品粮。其表面积大，组织疏松，又无外皮保护，营养物质直接暴露在空气中，且含糖味甜，因此易遭受害虫和霉菌危害。

易吸湿返潮，其吸湿速度比稻谷大 6～7 倍，特别是在高温季节，吸湿返潮后极易霉变。薯干吸湿容易，散湿也快。薯干的平衡水分在空气相对湿度 82%时，最高能达到 23%～32%，而相对湿度 52%时，平衡水分为 11%左右。因此，潮湿的薯干，在干燥季节通风可以很快降低水分。如果薯干含水量较低，在潮湿季节必须严格密闭贮藏，防止返潮生霉。

薯干质轻、相对密度小，每立方米只有 200～300kg，堆内孔隙大，占仓容。另外薯干入仓时，因切制晒干时难于做到薄厚均匀、干湿一致，入仓后部分水分较高的薯片很容易发霉甚至霉烂。

任务实施

根据薯干的贮藏特点，在贮藏中首先要抓好薯干的质量。切晒薯干时要力求厚薄均匀。初晒干的薯干，往往水分不均，要存放十数天，进行“捂堆”，待水分趋向平衡后，趁晴天再进行 1 次复晒风干，以达到彻底干燥，方能入仓保管。

薯干的安全水分标准，因地区不同而有差异，长期贮藏的水分必须降到 11%。如果薯干不做过夏长期贮藏，其在冬季水分控制在 13%左右，一般可以安全保管。

秋季贮藏水分偏高的薯干，在春季可以搬出露天通风以降水降温，或在仓内翻倒、扒沟通风，由于薯干孔隙大，因此干燥降水效果较好。水分降到安全标准后在气温上升之前，应及时转入密闭贮藏。

贮藏水分低，符合安全标准的薯干，在冬季应通风降温，并及时密闭。密闭是保管薯干的基本方法。入仓的薯干应压实，并在粮面覆盖干沙、麦糠、干草或麻袋。以干沙密闭最好，麻袋片次之，同时还要密闭门窗，不进行压盖一般不能安全过夏。

薯干容易感染害虫，在贮藏期间常发生玉米象、螨类等害虫为害，因此要做好防虫工作，一旦发生害虫，要使用磷化铝熏蒸除治。

薯干在切晒时，如遇连阴雨，不进行紧急处理，极易导致薯干生霉腐烂，遇到这种情况时，有以下两种方法可以挽救。

1. 缺氧密封法　在密封的条件下，利用高水分薯干的强烈呼吸和微生物的呼吸作用，消耗掉薯干堆内的氧气，增加二氧化碳，使薯干堆内处于绝氧状态，从而降低薯干生命活动，抑制微生物的生长繁育，达到抑热防霉的目的。

缺氧密封法的具体操作是：按照薯干贮量多少，先焊接长方形的塑料帐幕作密封物，用秸秆、草或薯蔓铺垫，上放薯干，每堆不超过 1 000kg。在薯干堆上扣上塑料帐幕，为防止结露滴水，可在薯干堆上放一层草，但注意不要扎破薄膜，并放一支温度计，以便于观察堆内温度。在堆垛四周挖一条深 15cm、宽 10cm 的沟，以利排水。此方法在低温下有助于较好保持薯干的品质，为了防止间断性日照升温，可在日照较强时覆盖薯干堆。

薯干在密封缺氧后，一些薯片上会出现白色的菌丝，这是一种耐低氧的米根霉，对薯干影响不大，经晒干后，菌丝即会全部消失；另外由于酵母菌的作用，会产生一定量的二氧化碳、酒精和酸性物质，这些物质在短期内尚不能造成薯干的变质，薯干晒干后酒味也会消失。

应注意的是，本方法的成败关键在于塑料帐幕的密封程度，必须认真细致地操作，查漏补洞，并定时检查。检查时不要触动塑料帐幕，注意观察温度的升降或薯干有无生绿色霉菌的现象。如果密封 5～10h 后温度仍继续上升，或者薯干长有绿色霉菌，必有漏气的地方，应加以修补。这种方法只宜做应急措施，不能用于长期保管薯干，天晴后应抓紧晾晒。

2. 二氧化硫熏蒸法 薯干切晒时如遇连续阴雨，可用硫黄熏蒸，暂时抢救。硫黄燃烧后，能产生二氧化硫，它是一种无色气体，有刺激性气味，具有漂白、脱水、杀菌防腐的作用。当二氧化硫与薯片中水分接触时，生成一种叫作亚硫酸的物质，能抑制酶的活性和微生物的繁育并能防止发热霉烂。但亚硫酸性质很不稳定，阴雨不断时应每隔 2～3d 熏蒸 1 次，以增强杀菌防腐的作用。

熏蒸方法可因地制宜，就地取材，先在地面挖一长方形的地槽，深 15～20cm，再在槽内挖几个 15cm 深的锅底形的坑用于放置硫黄碗，槽上铺两层高粱秸箔，再将薯干均匀地摊在上面。切晒只有 2～3d 的，可铺 40～50cm 厚秸箔；切晒 3～4d 的，可铺 50～80cm 厚。薯片堆好后，上面覆盖一层玉米秸，再盖上塑料薄膜，四周除留出放硫黄碗的口外，都要用泥土压严。然后将硫黄放在碗内，点燃后从各个施药口放入地槽内，待烟雾渗透均匀后，用泥土压严密闭。

切晒 2～3d 的薯干，水分一般为 35%～45%，硫黄用量按 0.15%～0.2% 熏蒸；切晒3～4d 的，水分一般为25%～35%，硫黄用量按 0.1%～0.14%使用。熏蒸后应进行密闭，以后每隔 2～3d 再重复熏蒸 1 次，直至天晴后立即晾晒。

用二氧化硫熏蒸的薯干，耐贮性降低，使用价值也降低。因此，二氧化硫熏蒸只能临时作为抢救措施使用。

能力转化

1. 甘薯易受病菌侵害而腐烂，最常见的病害是________和________。

2. 甘薯的贮藏技术核心是根据甘薯的生理需要，________、________和________，防止贮藏的甘薯发生________和________。

3. 初晒干的薯干，往往水分不匀，要经过存放十数天，进行________，待水分趋向平衡后，趁晴天再进行一次________，以达到彻底干燥，方能入仓保管。

4. 薯干的安全水分标准，因地区不同而有差异，长期贮藏的水分必须降到________以下。如果薯干不作过夏长期保管，其在冬季水分控制在________左右，一般可以安全保管。

主要参考文献

艾启俊 . 2002. 果蔬贮藏保鲜技术 [M] . 北京：金盾出版社 .

柴岩，冯佰利，孙世贤 . 2007. 中国小杂粮品种 [M] . 北京：中国农业科学技术出版社 .

常庆涛，谢吉先 . 2008. 优质小杂粮 [M] . 南京：江苏科学技术出版社 .

陈月英 . 2008. 果蔬贮藏技术 [M] . 北京：化学工业出版社 .

丁明 . 2008. 宁夏小杂粮 [M] . 银川：宁夏人民出版社 .

杜连启，朱凤妹 . 2009. 小杂粮食品加工技术 [M] . 北京：金盾出版社 .

李里特，陈复生 . 2009. 粮油贮藏加工工艺学 [M] . 北京：中国农业出版社 .

李喜宏 . 2003. 果蔬经营与商品化处理技术 [M] . 天津：天津科学技术出版社 .

李延云 . 2010. 果蔬贮藏实用技术 [M] . 北京：中国轻工业出版社 .

梁文珍 . 2011. 果蔬贮藏加工实用技术 [M] . 北京：化学工业出版社 .

任志杰，关廷生 . 1994. 中国粮食储藏大全 [M] . 重庆：重庆大学出版社 .

生吉萍，申琳 . 2010. 果蔬采后商品化处理技术 [M] . 北京：化学工业出版社 .

舒在习 . 2011. 粮油贮藏保管技术 [M] . 武汉：湖北科学技术出版社 .

王若兰 . 2009. 粮油储藏学 [M] . 北京：中国轻工业出版社 .

王文生 . 2006. 果蔬贮藏设施 [M] . 北京：中国农业科学技术出版社 .

王月慧 . 2011. 小杂粮加工技术 [M] . 武汉：湖北科学技术出版社 .

奚玉银 . 2013. 北方小杂粮高产栽培及贮藏加工 [M] . 北京：化学工业出版社 .

邢亚静，张耀文，李荫藩，崔春香 . 2009. 小杂粮营养价值与综合利用 [M] . 北京：中国农业科学技术出版社 .

徐忠文，杨北南 . 2011. 防治储粮害虫的几项措施 [J] . 养殖技术顾问 (7) .

闫师杰 . 2006. 果蔬采后商品化处理技术 [M] . 北京：中国社会文献出版社 .

张恒 . 2009. 果蔬贮藏保鲜技术 [M] . 成都：四川科技出版社 .

张敏，周凤英 . 2010. 粮食储藏学 [M] . 北京：科学出版社 .

张雄 . 2007. 黄土高原小杂粮生产与开发 [M] . 北京：中国农业科学技术出版社 .

张有林 . 2011. 根菜类蔬菜的贮藏 [J] . 农产品加工 (1)：43-49.

张耘，刘占和，王斌 . 2007. 榆林小杂粮 [M] . 北京：中国农业科学技术出版社 .

赵晨霞 . 2002. 果蔬贮运与加工 [M] . 北京：中国农业出版社 .

赵晨霞，王国军，等 . 2005. 果蔬贮藏与加工 [M] . 北京：高等教育出版社 .

郑殿升，方嘉禾 . 2001. 高品质小杂粮作物品种及栽培 [M] . 中国农业出版社 .

图书在版编目（CIP）数据

农产品贮运与保鲜/岳蕾主编．—北京：中国农业出版社，2017.8（2019.11 重印）
新型职业农民示范培训教材
ISBN 978-7-109-23014-9

Ⅰ.①农…　Ⅱ.①岳…　Ⅲ.①农产品－贮运－技术培训－教材②农产品－保鲜－技术培训－教材　Ⅳ.①S37

中国版本图书馆 CIP 数据核字（2017）第 134734 号

中国农业出版社出版
（北京市朝阳区麦子店街 18 号楼）
（邮政编码 100125）
责任编辑　郭晨茜　杨金妹

北京中兴印刷有限公司印刷　　新华书店北京发行所发行
2017 年 8 月第 1 版　　2019 年 11 月北京第 4 次印刷

开本：720mm×960mm 1/16　　印张：8
字数：138 千字
定价：23.00 元
（凡本版图书出现印刷、装订错误，请向出版社发行部调换）